U0226261

数码单反摄影

必知必会的 个问题

508

郑志强　编著　韩永奎（东北风）摄影

本书分为15章,介绍了4部分内容。第1部分为摄影基础知识,包括第1~4章,讲述了摄影、摄影硬件、摄影附件和DSLR镜头4方面的知识;第2部分为摄影技术知识,包括第5章,详细讲解了光圈、快门、ISO感光度、采光与曝光等知识;第3部分为摄影理论知识,包括第6章,讲述了构图、光影与色彩方面的知识;第4部分为摄影实拍知识,包括第7~15章,讲述了风光、人像、纪实、花卉、建筑等多种题材的实拍技法。

本书站在摄影者的角度,以问答的形式组织内容,语言简洁流畅,适合各层次的摄影爱好者和摄影从业者阅读。

封底无防伪标均为盗版

版权所有,侵权必究

本书法律顾问 北京市展达律师事务所

图书在版编目(CIP)数据

数码单反摄影必知必会的508个问题:速查珍藏版 / 郑志强编著. —北京:机械工业出版社,2012.6

ISBN 978-7-111-38743-5

Ⅰ. 数… Ⅱ. 郑… Ⅲ. 数字照相机-单镜头反光照相机-摄影技术 Ⅳ. ① TB86 ②J41

中国版本图书馆CIP数据核字(2012)第121613号

机械工业出版社(北京市西城区百万庄大街22号 邮政编码 100037)
责任编辑:王海霞
中国电影出版社印刷厂印刷
2012 年 8 月第 1 版第 1 次印刷
185mm×260mm · 18印张
标准书号:ISBN 978-7-111-38743-5
定价:89.00元

凡购本书,如有缺页、倒页、脱页,由本社发行部调换
客服热线:(010)88378991;88361066
购书热线:(010)68326294;88379649;68995259
投稿热线:(010)88379604
读者信箱:hzjsj@hzbook.com

前　言

　　本书详细列举了摄影者在摄影过程中可能遇到的问题，通过对这些问题进行讲解，使摄影者能够知其然，并知其所以然。本书的特色主要有以下几点。

　　·形式新颖：本书以问答的方式来组织和梳理摄影领域的各种知识，能够激发读者的学习热情，并且在学完本书之后会有比较深刻的印象。

　　·语言简洁：针对复杂的摄影知识，本书以较为简洁干练的语言进行阐述，使读者的学习过程比较轻松。

　　·内容全面：本书将摄影领域的知识归结为508个问题点，解决了这些问题即可对摄影初窥门径。

　　由于编者水平有限，书中难免出现疏漏之处，敬请广大读者批评指正。

编　者
2012年6月

目录
Contents

5 摄影技术知识 079

6 摄影理论知识 121

7 摄影实拍知识一：风光摄影 153

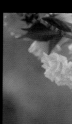

8　摄影实拍知识二：
人像摄影　　199

9 摄影实拍知识三：纪实摄影　　229

10 摄影实拍知识四：微距与花卉摄影　　237

① 了解摄影

001 你熟悉摄影的历史吗？

1839年8月19日，法国画家达盖尔公布了他发明的"达盖尔银版摄影术"，标志着摄影术的诞生。之后，随着照相机和胶片性能的逐步完善，其质量、产量也开始飞速提升，摄影队伍迅速扩大并走向专业化。1981年，索尼公司推出了全球第一台不用感光胶片的电子相机，分辨率仅为27.9像素，该相机首次将光信号改为电子信号传输，这就是当今数码相机的雏形。此后，数码相机成为各大厂商关注的焦点，发展速度迅猛，为更多人打开了摄影的大门。数码相机的出现正式标志着相机产业向数字化的跨越式发展，人们的影像生活也由此得到了彻底改变。

全球第一台不用感光胶片的电子相机，为索尼公司生产。

002 你知道当前我国有多少摄影爱好者吗？

在当今这个数码时代，数码相机具有即拍即现、立即观看、后期制作方便等诸多优点，更多人开始享受摄影的乐趣，为自己留下生活中的精彩瞬间，由此摄影爱好者的队伍越来越壮大。据统计，我国已有几千万摄影爱好者，各地也出现了规模不同的摄影协会、俱乐部等，摄影论坛等网站也如雨后春笋般出现，方便了摄影爱好者们交流、沟通。

光圈：F10.0
快门：1/400s
焦距：34mm
ISO 感光度：400
曝光补偿：−0.7EV

摄影爱好者冒着严寒，在松花江畔拍摄日出的场景。

什么是摄影？

摄影的英文Photography一词源于希腊语，意思是"以光线绘图"。摄影是应用科学、想象与设计、专业技巧和组织能力构成的混合体，指使用专门设备进行影像记录的过程，我们一般使用机械照相机或者数码照相机进行摄影。有时，摄影也被称为照相，即通过物体所反射的光线使感光介质曝光的过程。有人曾说过："摄影家的能力是把日常生活中稍纵即逝的平凡事物转化为不朽的视觉图像。"

光圈：F13.0　　快门：1/125s
焦距：55mm　　ISO 感光度：400

清晨，窗户上美丽的冰窗花，如凤尾一般。

什么是商业摄影？

商业摄影，顾名思义，是指作为商业用途而开展的摄影活动。它所包含的范围非常广泛，在各种行业中都需要商业摄影，例如产品摄影、广告摄影、人像摄影、照相馆摄影及其他需要购买的具有商业价值的摄影图片等。目前，已有很多自由摄影人把照片作为一种商品来出售。商业摄影的主要要求有以下几点：说明基本信息，正确传达主题；运用各种手法使广告引人注目；选择合适的目标受众，提高广告的功效；能使观者对广告传达的信息留下深刻的印象。

光圈：F5.6　　快门：1/8s
焦距：60mm　　ISO 感光度：100

商业摄影应注意正确传达主题，使观者留下深刻的印象。

005 什么是纪实摄影？

纪实摄影是以记录生活现实为主要诉求的摄影方式，来源于真实的生活，如实反映社会现象，记录事物的发展过程。纪实摄影有记录和保存历史的作用，所以具有作为社会见证者的当之无愧的资格。纪实摄影可解释人与环境、人与社会活动之间的相互关系，分为图片短评、图片故事、图片系列等几个类别，拍摄手法有真实记录、黑白手法、运用连拍及其他特殊手法等。

光圈：F2.8　　快门：1/400s
焦距：70mm　ISO 感光度：320
曝光补偿：+0.7EV

做壶师傅在认真检查茶壶的质量，画面传达出强烈的情感。

006 风光摄影包含哪些题材？

风光摄影是广受人们喜爱的题材，它给人带来的美的享受最全面，从作者发现美开始到拍摄，最后到读者欣赏的全过程，都会给人以感官和心灵的愉悦。风光摄影的题材相当广泛，生机勃发的春、赤日炎炎的夏、天高云淡的秋、滴水成冰的冬，甚至每天的晨和夜，风、霜、雨、雪、雾、彩虹和雷电，名山大川、森林原野与江海、小溪、梯田、水乡与草原、大漠，或异国风情等，都属于风光摄影的范畴。

光圈：F5.0　　快门：1/1250s
焦距：16mm　ISO 感光度：100

蓝天下广阔的草原上开满了花朵，让人心旷神怡。

什么是静物摄影？

静物摄影与人物摄影、风景摄影相对，是以相对无生命的物体，如食物、水果、容器等为表现对象的摄影，多以工业或手工制成品、自然存在的无生命物体等为拍摄题材。摄影时，可以人为改变静物的造型或位置以达到创作意图。静物摄影是在真实反映被摄体固有特征的基础上，经过创意构思，并结合构图、光影、色彩等摄影手段进行艺术创作，将拍摄对象表现成具有艺术美感的摄影作品。

光圈：F5.6　　快门：1/180s
焦距：400mm　ISO 感光度：400

具有民族特色的手工饰品灵动而美丽。

什么是微距摄影？

对于体态较小甚至是微小的摄影对象来说，采用一般的摄影方式可能不容易表现出其形态、质感等，这时需要采用微距摄影的方式。微距摄影是指通过镜头的光学能力，拍摄出几乎与实际物体等大，即被摄物体与成像比例接近1:1的图像。常见的微距摄影通常使用微距镜头或望远镜头拍摄，还可以在相机的微距模式下拍摄。微距摄影是一门学问，它与一般摄影的宏观相对，是从微观角度观察和认识世界的一种手段，具有不可抗拒的魅力。

光圈：F11.0　　快门：1/350s
焦距：400mm　ISO 感光度：400

微距镜头下的花蕊，展现了微观世界的美。

009 什么是民俗摄影？

中华民族有几千年的灿烂文化，在不同的地域，有着不同特色的习俗，这些风俗民情对外来人具有独特的吸引力。民俗摄影属于纪实摄影范畴，是以民俗事象为题材的摄影门类，通俗地说，就是用相机拍摄老百姓自己的生活。民俗摄影实质上是以摄影人的目光，去摄取不同民族、不同背景人群的生存状态、生存方式及生活趣味，不仅涉及摄影艺术，还与民族学、历史学、社会学等学科有所关联。进行民俗摄影需要具备多方面的知识，摄影者对民俗事象的形成、发展等有深刻的了解，才能把握民俗活动的内涵，拍出精彩的作品。

光圈：F5.6　　快门：1/400s
焦距：40mm　　ISO 感光度：100

金秋时节，老人和孩子的脸上洋溢着收获的喜悦。

010 什么是舞台摄影？

舞台摄影是通过摄影将舞台上的艺术造型生动而完美地表现出来，在舞台上演出的人物、舞台背景等，都是舞台摄影的拍摄对象。舞台摄影要求根据舞台艺术的不同形式和表演方法，在瞬间抓住舞台上人物优美的表情动作和富有代表性的场面，将那些具有深刻意义的舞台艺术表演拍摄出来，供欣赏者一同感受舞台的精彩。与其他摄影类型相比，舞台摄影在创作条件上有一些特殊性，表现为灯光效果和光照强度不断变化，摄影者在拍摄时要注意聚焦舞台人物和表现舞台主题。

光圈：F6.3
曝光时间：1/50s
焦距：300mm
ISO 感光度：640
曝光补偿：+0.3EV

舞台上演出的《天鹅湖》，给观者以美的享受。

什么是体育摄影？

体育竞赛竞争激烈，扣人心弦。运动员表现出的力量、速度、难度等高超技艺令人感叹，优美的姿势又能给人美好的享受。这一切都使体育摄影为广大摄影者所喜好。体育摄影，顾名思义，就是拍摄体育运动的摄影类别，是典型的动体摄影，摄影者需要在被摄对象的运动中进行拍摄。因而，体育摄影比静态对象的拍摄难度要大。在某种程度上，快门速度决定着体育摄影的成功与否，因此，器材的选择和体育摄影技巧的把握就显得尤为重要。

光圈：F5.6　　快门：1/800s
焦距：16mm　ISO 感光度：100

　　利用数码单反相机瞬间凝固凌空而跃的滑雪者。

数码相机与传统胶片相机有哪些区别？

数码相机与传统胶片相机的区别首先体现在外观上，数码相机机身上安装了一块液晶屏，可以达到即拍即看的效果。

其次，在感光器材上，数码相机采用光电转换的方法感光，专用的数字感光器材有CCD和COMS两种，而传统的胶片相机采用化学的方法感光，用的是胶片。

再次，数码相机采用专用的存储卡记录照片信息，它记录的是照片上每一个点的颜色信息，采用的是数字方式，而胶片相机直接用胶片记录信息。

CCD/CMOS与存储卡取代了传统的胶片，这就是数码相机之所以称为"数字"相机的理由。虽然数码相机使用方便，可以即时观看，在照片的管理、保存等方面都有很大优势，但感光元件的面积限制了图像清晰度的提高，且数码相机的宽容度也远不如胶片相机。

传统胶片相机

数码相机

什么是数码单反相机（DSLR）？

数码单镜头反光式照相机（Digital Single Lens Reflex，DSLR）简称数码单反相机，数码单反相机就是使用了单反技术的数码相机。在用单反相机拍摄时，当按下快门时，反光镜便会向上弹起，前帘开启，通过镜头的光线投影到胶片上感光，然后后帘跟进，拍摄完成。数码单反相机的这种构造，确定了它是完全透过镜头对焦拍摄的，它的取景范围和实际拍摄范围基本一致，十分有利于直观地取景构图。

数码单反相机的一个最大的特点就是可以更换不同规格的镜头，这是单反相机天生的优点，是普通数码相机不能比拟的。另外，当前的数码单反相机都定位于数码相机中的高端产品，因此在关系数码相机摄影质量的感光元件（CCD或CMOS）的面积上，数码单反相机感光元件的面积远远大于普通数码相机，这使得数码单反相机每个像素点的感光面积也远远大于普通数码相机，因此每个像素点都能表现出更加细致的亮度和色彩范围，使数码单反相机的摄影质量明显高于普通数码相机。

佳能EOS 5D Mark II数码单反相机　　尼康D700数码单反相机

数码单反相机拍摄的画面可以即时显示在液晶监视屏上，非常方便。

什么是卡片机（DC）？

DC为Digital Camera的简写，意为数码相机。在广义上说，DSLR也属于DC，但现在DC仅指那些外形小巧、机身相对较轻、较低端的数码相机，通常也称为卡片机。卡片机质量较轻，方便随身携带。虽然卡片机的功能不如数码单反相机强大，但是也能满足最基本的拍摄需求，其轻巧的机身及便携性受到了很多摄影用户的青睐。

佳能IXUS 1100 HS卡片机　　尼康COOLPIX S4100卡片机

佳能相机有什么特点？

佳能公司是日本的老牌相机制造商，佳能相机的像素普遍较高，能够更好地表达画面的色彩和明暗，画面质量相应较高，整体效果更加细腻，细节更加丰富。佳能相机的色彩表现出色，拍摄风光题材时，色彩纯度较高，色彩感较强，对于实际场景的色彩还原准确；拍摄人像时，能够将亚洲人偏黄的肤色拍摄得非常白皙动人、明亮干净且不失红润，同时又能保证其他色彩有非常准确的还原。在佳能产品中，即使是入门级单反，也可拍摄出高清录像，极大地方便了摄影用户用视频记录所见所闻的需要。

佳能数码单反相机

佳能卡片机

在摄影圈中有一个说法，即佳能相机出片的色彩比较艳丽，其实严格来说这是不对的，如果是直接出片，想要艳丽的效果，还需要对照片风格进行特殊设定，否则佳能相机出片是偏中性的。例如，本画面即为设定高饱和度后拍摄所得到的效果。

016 尼康相机有什么特点?

尼康公司拥有悠久的光学历史，其生产的相机一向以专业素质著称，成像以锐度高闻名，也是在数码单反领域唯一一家能与佳能分庭抗礼的数码制造商。尼康相机随着档次的提高，对焦点数量也有明显的增加。对焦点增加，对于数码单反相机最为显见的影响就是对焦速度更加快捷，对焦精度也会相应提高。点测联动也是尼康非常大的一个优势，对焦点是画面的兴趣中心，这部分往往也是最清晰、曝光最正常的区域，改变对焦点位置后，如果测光点不跟随移动，则会造成主体虽然清晰，但曝光却不一定正常的现象，因此点测联动技术对于对焦点不在中央时的情况来说就非常重要。

尼康数码单反相机

尼康卡片机

本片为尼康官方人像样张，放大后查看，画质非常细腻锐利。

017 索尼相机有什么特点?

索尼在数码摄影领域是一个很特殊的品牌，因为它并非专业的相机生产商，但它作为著名的家电及数码产品生产商，大胆涉足数码摄影领域，却取得了很大的成功。索尼的数码相机与它的其他电子产品一样，走的是时尚路线，极为重视外观，造型十分时尚。索尼相机的致命弱点是光学基础薄弱，没有自己的镜头，但也有自身的优势，它的电子技术实力雄厚，为多家数码产品生产商提供CCD感光器。

索尼数码单反相机

索尼卡片机

本片为索尼α700拍摄，虽然并没有明显的亮点，但画质及色彩整体都比较出色，并且，当前索尼数码单反相机的价位还是比较亲民的。

018 哈苏相机有什么特点？

哈苏以生产中画幅单镜头反光相机而闻名于世，可谓中画幅相机的极品。哈苏的机器无论是做工还是成像都是顶级的，极佳的成像质量、细腻丰富的影调、优异的质量使其成为专业拍摄风光、人像、广告的首选相机。但哈苏相机比较昂贵，其一般的单反相机产品也要十几万甚至几十万人民币，属于当前摄影领域的贵族品牌。

哈苏数码单反相机

本片为哈苏CFV-39相机拍摄，画面细节、动态范围都非常出色，并且色彩还原能力很强。

奥林巴斯相机有什么特点?

奥林巴斯现为数码相机的领导厂商之一，其数码相机主要分为 μ 系列、FE系列、μ TOUGH系列、SP系列和E系列。奥林巴斯推出全新的数码单反相机标准4/3系统，实现了奥林巴斯独特的光学技术与领先的数码科技的完美结合。奥林巴斯可换镜头式数码单反相机系统采用的是"4/3系统"规格，它以"创造最高画质的数码影像"为主旨，充分发挥了数码相机的应有特性和优势，以全新标准设计开发。

奥林巴斯数码单反相机

奥林巴斯卡片机

奥林巴斯一直是比较另类和个性的相机厂商，多年来坚持以4/3尺寸的画幅打天下。本画面为奥林巴斯官方样片。

020 宾得相机有什么特点？

宾得是历史非常悠久的相机制造厂家，20世纪中期，摄影相机领域几乎是宾得的天下，尼康及佳能等品牌只是处于起步阶段。宾得相机做工精良、扎实，其单反相机有坚若磐石的称号，无论是严寒还是酷暑，依然表现优良。宾得品牌当前市场表现不佳是因为在20世纪，宾得公司进行了产品转型，直到近年才又回到单反相机生产领域。宾得品牌的相机色彩出众，浓郁饱满，为典型的德系风格。

宾得数码单反相机

宾得卡片机

宾得相机的稳定性较好，只要用户在拍摄过程中不出现重大失误，那么所拍摄的画面绝对是令人非常放心的。本画面为宾得官方样片。

富士相机有什么特点？

富士公司可以自主生产世界领先水平的感光元件（CCD/CMOS），但是没有完全属于自己的数码单反相机，当前富士品牌的数码单反相机，其机身是由尼康公司代工的。富士的相机处理器在处理高感光度方面有一技之长。虽然富士可以生产世界盛名的镜头，但其数码相机没有大光圈镜头，至今没有镜头超声波驱动技术。

富士数码单反相机

富士卡片机

画面色彩还原准确，并且画面动态范围很大，细节丰富。本画面为富士官方样片。

对于相机来说，行货与水货有哪些区别？

行货是指产品原厂生产或由各品牌指定的厂家生产的产品。水货并不是指翻新、假货或次品，而是合法销售地区与实际销售地区不相符合的产品。

行货和水货的辨别方法并不是很难，只要消费者详细了解了两者之间的差别，即可很快辨别出来。由于避开了关税和代理费用，水货价格一般比行货低。另外，有些相机生产商为不同地区生产的同种产品提供了不同的产品型号，可以在产品包装盒上直接辨认出来。打开包装盒后，应仔细检查说明书和保修卡，正规的行货都有简体中文印刷的说明书，而水货往往不具有简体中文说明书，纸张以及印刷质量也比较差。行货都具有保修卡，可以全国联保，而水货一般不享有该服务。

目前进入中国销售的正规行货都具有中文菜单，打开相机，在相机的语言设置菜单中如果没有中文菜单选项，就可以确定这款机型为水货了。

另外，每一款数码相机都具有独一无二的产品编号，用户可拨打厂商的电话进行查询。

023 怎样选择适合自己的数码单反相机？

选择一款适合自己的数码单反相机是每个摄影初学者都必须面对的问题，不同相机的性能、价格各不相同，摄影者应综合品牌、性能、性价比等因素进行选购。

首先，应根据性能选购，尼康数码单反相机镜头群广、锐度高，机器做工优秀，照片清晰度极高。佳能数码单反相机拍摄的照片画质优秀，色彩还原较好，其镜头群也比较丰富。

尼康数码单反相机成像效果

佳能数码单反相机成像效果

对比两种相机的成像效果发现，其画面锐度都不错，但仔细观察可以发现，佳能相机拍摄的照片比尼康相机拍摄的照片色彩要艳丽一些。

其次，摄影者应根据自己的预算进行选购。随着摄影越来越热，数码单反相机的价格也大幅度跳水，市场上5000元左右的单反也已经有了很好的性能。摄影者购机时，可根据自己的需要和自身的实际情况进行选购。

024 一般数码单反相机的保修政策是什么？

一般数码单反相机的保修卡上标明的都是一年的免费送修服务，在按照用户使用手册及机内操作指南正常使用等非人为损坏的状态下，若机器出现故障，可出示保修卡及购机发票进行保修。送修前应将电池、滤镜、存储卡等附件取下，仅把有问题的器材留下维修。若已经超出一年的保修范围，则要支付维修费、换件费等费用。

② 摄影硬件知识

025 什么是画幅？大画幅、中画幅、全画幅都有哪些区别？

对于传统的胶片相机来说，画幅也就是胶卷尺寸的大小。对于数码相机来说，画幅就是感光元件（CCD或CMOS）的尺寸大小。不同画幅的相机可以产生不同大小的影像结果，根据不同的画幅，相机主要可以分为大画幅、中画幅、全画幅等。大画幅是相对于120、135等中小尺寸底片而言的，通常，大画幅胶片规格有4英寸×5英寸、5英寸×7英寸、8英寸×10英寸等。中画幅是指感光元件介于36mm×24mm的全画幅及4英寸×5英寸的大画幅之间的成像尺寸，中画幅胶卷相机使用宽度为6cm的120/220胶卷，成像尺寸有6cm×4.5cm、6cm×6cm、6cm×7cm、6cm×9cm等。所谓全画幅，是针对传统135胶卷的尺寸来说的，最初，大部分数码单反相机的感光元件尺寸都比135胶卷的尺寸小，而全画幅数码单反相机的感光元件尺寸和135胶卷的尺寸相同。因此，大画幅、中画幅、全画幅的本质区别在于感光元件的大小。

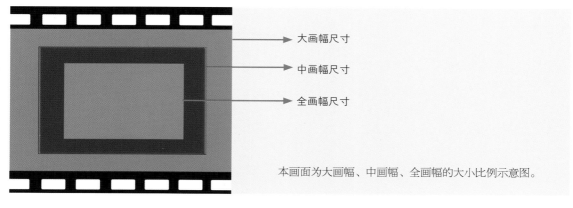

本画面为大画幅、中画幅、全画幅的大小比例示意图。

大画幅相机的视角比例

中画幅相机的视角比例

全画幅相机的视角比例

APS-C画幅的视角比例

026 **APS画幅有哪3种形式？哪一种是我们接触最多的？**

1996年，APS胶片系统问世，APS画幅是一种尺寸更小的画幅形式，分为APS-H、APS-C、APS-P三种规格。到了数码时代，各厂商沿用了APS的尺寸标准，开发了APS尺寸的"影像传感器"。APS-H型为满画幅（30.3mm×16.6mm），长宽比为16:9；APS-C画幅的长宽比为3:2（24.9mm×16.6mm），与135胶卷同比例；APS-P画幅的长宽比例为3:1（30.3mm×10.1mm）。画幅的大小在一定程度上决定了相机的档次高低，目前我们接触最多的画幅形式是APS-C画幅，绝大部分入门级数码单反相机都采用了这种画幅形式，如佳能500D、550D、600D、50D等都是APS-C画幅。（尼康公司一般称APS-C画幅为DX画幅。）

当前主流的入门级单反相机，均是APS-C画幅。

027 **全画幅与APS画幅相比有什么优势？**

大部分的数码单反相机感光元件尺寸都比135胶卷的尺寸小，而全画幅数码单反的感光元件尺寸和135胶卷的尺寸相同。感光元件的尺寸大小决定了图片质量的优劣，因此全画幅相机较APS画幅相机成像更优。同样，焦距的镜头在不同尺寸感光元件的数码相机上，成像的视角也不同。例如，50mm焦距的镜头用在全画幅相机上，视角约为46°，而用在APS-C画幅的数码单反相机上，视角约为30°，所以在相同的焦距下，全画幅相机有更广的视野率。

APS画幅与135画幅的区别不仅在于所拍摄画面的视角，成像质量方面也有差别，整体来说，全画幅相机成像的画质要稍好一些。

————APS-C画幅的视角示意图

————全画幅的视角示意图

028 什么是入门级数码单反相机？

入门级数码单反相机的价位在1万元以下，多采用塑料机身，其具备单反相机几乎所有的功能，但是各项功能的最高品质不够理想，如最高ISO感光度、连拍速度、画质、画面视角等，我们通常把APS画幅的数码单反相机归入入门级一类。常见的入门级数码单反相机机型有Canon EOS 550D、600D、60D，Nikon D3000、D5000、D90等。

佳能系列入门级数码单反相机

尼康系列入门级数码单反相机

光圈：F7.0　快门：1/200s　焦距：38mm　ISO 感光度：100　曝光补偿：+0.3EV

本照片为尼康D300拍摄，画面画质已经非常优秀。

什么是准专业级数码单反相机?

准专业级数码单反相机改善了大部分入门级数码单反相机的弱点，各项素质已有明显改观，多采用金属机身，相机耐用度和手感更好，连拍速度更快，画质更佳。此外，相机采用更高端的处理器，例如Canon EOS 5D Mark II 采用了DIGIC 4处理器，是入门级数码单反相机中普遍采用的DIGIC 3处理器处理能力的1.3倍。准专业级数码单反相机多为全画幅，全画幅带来了更优秀的画质和更大的画面视角，如Canon EOS 5D Mark II、Nikon D700等。

Canon EOS 5D Mark II和Nikon D700是这两大品牌相对低端的全画幅机型，也是准专业级数码单反相机中的王者。

光圈：F4.5　快门：1/40s　焦距：45mm　ISO 感光度：1000

　　本照片为Canon EOS 5D Mark II拍摄，作为一款准专业级数码单反相机，画质绝佳，是有一定摄影基础的用户非常好的选择。

030 什么是专业级数码单反相机？

专业级数码单反相机采用金属机身，加入了防水、防尘技术，并具有100％的取景器视野、全画幅感光元件，像素和解像力高，画质更加出色，连拍速度和连拍张数都发挥到极致，几乎汇集了当前所有的光学、电子、机械高科技技术，价格也相对较高。对于专业的摄影工作人员来说，专业级数码单反相机是必不可少的，如Canon EOS 1Ds Mark Ⅲ和Nikon D3x。目前这两款相机的价格均降到了5万元以下，已经到了很多摄影者能够接受的价格范围。

Canon EOS 1Ds Mark III（大马三）和Nikon D3x（机皇）是全画幅单反相机中的王者。

光圈：F8.0　快门：1/400s　焦距：16mm　ISO感光度：100

本照片使用Canon EOS 1Ds Mark III拍摄，画质细腻，仿佛触手可及。

数码单反相机的工作原理是什么？

当未按下快门时，光线透过镜头中各种透镜的组合进入相机，经过由多片金属片组成的光圈到达反光镜，反光镜将成像的光线进行反射，并传送到五棱镜，五棱镜将原本上下颠倒、左右相反的图像变为正立的像，人眼通过取景器即可看到要拍摄的画面。

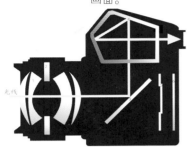

取景时光线进入后的流程： 1（镜头镜片）→2（光圈）→3（反光镜）→4（五棱镜）。

按下快门拍摄时，光线经过透镜成像后进入相机，此时反光镜会向上弹起为光线让路，快门打开，光线投射到感光元件上感光，感光元件感光后会产生电子信号，经过数字信号处理电路后最终形成我们所看到的数码照片，并存储于存储卡上。这个过程完成后，反光镜便立即落下恢复原状。在按下快门拍摄时，取景器中是无法看到任何影像的，拍摄完成后才能从取景框中再次看到影像。单反相机的这种构造，决定了它能使取景框中所看到的影像和拍摄下来的照片保持一致，它的取景范围和实际拍摄范围基本一致，十分有利于直观地取景构图。

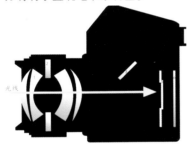

拍摄时光线进入后的流程： 1（镜头镜片）→2（光圈）→5（快门）→6（感光元件）。

感光元件的作用是什么？

感光元件是数码相机的核心，也是最关键的技术。数码相机的发展道路，可以说就是感光元件的发展道路，其用途主要是对进入相机的光线进行感光，将光信号变为电信号。传统相机使用胶卷作为其记录信息的载体，而数码相机的"胶卷"就是其感光元件，且不用更换，与相机是一体的。通常，感光元件有两种：一种是广泛使用的CCD（电荷耦合）元件；另一种是CMOS（互补金属氧化物导体）元件。

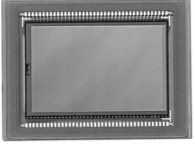

在左侧相机的剖面图中，红色圈内的绿色部分为感光元件在相机内的位置示意图，右侧为感光元件的直观示意图。

033　CCD感光元件有什么特点？

CCD（Charge Coupled Device，电荷耦合元件）感光元件是贝尔实验室在1969年研发成功的，后经索尼、松下、夏普等公司改进并批量生产。最初，CCD感光元件最高能达10万像素，随着电子技术的发展，当前生产的CCD感光元件最高已经超过5000万像素，即使是现在专业级的数码单反相机，也还没有达到这个高度。之前的数码相机中大多以CCD作为感光元件，但现在越来越少。

CCD感光元件

CCD感光元件具有噪点小、反映灵敏度高、动态范围大等优势，但因为其制作成本高、制作工艺复杂、价格昂贵、耗电高等劣势，不利于进一步推广，并且CCD的尺寸越大，越难以生产，制作成本越高。

034　CMOS感光元件有什么特点？

CMOS（Complementary Metal Oxide Semicon-ductor，互补金属氧化物半导体）感光元件是在20世纪80年代诞生的，当时电子技术水平相对比较落后，特别是系统集成这一领域，因此CMOS感光元件的成品质量一直不高，并且生产效率低下，所以CMOS感光元件的普及率不足。随着系统集成技术的发展，世界上主流的影像传感器厂商已经能够快速、高质量地生产尺寸较大的CMOS，并且这种感光元件的成像质量在一定程度上也达到了CCD所能达到的水平，当前主流的数码单反相机均采用了CMOS感光元件。

CMOS感光元件

035　为什么当前大部分数码单反相机都以CMOS作为感光元件？

在技术上，CCD要比CMOS要求更高，成像的质量更好。之前，CMOS成像质量不佳，但是经过多年的研究，更好的技术使画质的问题已经得到有效解决。CCD的制造成本高昂，很难做出大面积的感光元件，且耗电严重，因此各大厂商追求CMOS，首先就是看中了它低耗能、低成本的优良特性，使用CMOS感光元件也保证了单反相机的价格能够被更多人所接受。相反，卡片相机的感光元件尺寸较小，为了得到良好的画质，因此大多选用CCD感光元件。

最高像素和有效像素有什么区别?

　　最高像素是感光元件所拥有的感光像素点的数量，这个数据通常包含了感光元件的非成像部分，而有效像素是指真正参与感光成像的像素值。以Canon EOS 60D为例，其CMOS最高像素为1900万，但由于CMOS有一部分像素并不参与成像，因此其有效像素为1800万。用户在购买数码相机时，通常会看到商家标榜"最大像素达到×××"和"有效像素达到×××"，此时用户应注重看数码相机的有效像素是多少，有效像素的数值才是决定图片质量的关键。

最高像素1900万

有效像素1800万

Canon EOS 60D的最高像素为1900万，但由于CMOS有一部分像素并不参与成像，因此其有效像素为1800万。

解像力是什么意思?

　　解像力的规范解释是数码相机的镜头对于被摄物体的点像的再现能力，通常的理解就是数码相机的镜头能够分辨出物体很细微的细节的能力。解像力好的数码相机拍摄的照片毫发毕现，反之，解像力较差的数码相机则容易丢失许多肉眼可见的细节。例如，拍摄一件织物，在拍摄参数和角度都相同的前提下，一台相机拍摄的照片中能够看出所有的织布网格，而另一台相机拍摄的照片中只能分辨出一部分网格，则可以说前者的"解像力"比后者高。

　　由解像力的概念可以得出这样的结论：相机并不是像素越高越好，还要看解像力这个参数。例如，对于大多数中低端尼康数码单反相机而言，其最高像素也没有达到2000万像素，但却不能影响其绝佳的画质，这主要是因为其解像能力较强的缘故。

038 为什么同样像素的DC和数码单反相机，前者画质不如后者？

首先，数码单反相机采用的CMOS感光元件的尺寸远比DC大，这是成像质量的根本保证，低感光度控操能力也比DC好；其次，数码单反相机多使用造价昂贵的镜头，可以根据焦段需求随意搭配，采用的是光学变焦，而普通DC镜头是不能拆下来的，多采用数码变焦，当拍摄较远处的景物时，使用这种变焦方式是以损失画质为代价的。

1200万像素的数码单反相机拍摄

1200万像素的DC拍摄

对比两幅照片可以发现，像素相同的数码单反相机和DC拍摄的照片，数码单反相机所拍照片的画质比DC的好，尤其是放大观看或打印输出时，效果更明显。

039 DIGIC（佳能CPU）的技术特点是怎样的？

DIGIC是佳能公司为自己的数码相机以及数码摄像机产品开发的专用数字影像处理器。目前，佳能EOS相机普遍采用了DIGIC II、DIGIC III或DIGIC 4、DIGIC 5数字影像处理器。DIGIC集图像感应器、自动白平衡、信号处理、图形压缩、存储卡控制和液晶屏显示控制等功能于一身，由于专门为数码相机设计，因此DIGIC在最终图像效果、处理速度、耗电量等方面具有非常明显的优势，更加有利于降低噪点，也更有利于拍摄短片；面部优先对焦的精确度和面部追踪的性能都大大提升，新加入的人工智能伺服自动对焦模式、智能校正对比度技术、面部优先自拍功能，以及全新的H.264编码短片都深受消费者欢迎，无论是相机的相应速度、照片画质还是实用功能都得到了大力的增强。

佳能公司生产的DIGIC处理器，目前已经发展到第5代。

040 EXPEED（尼康CPU）的技术特点是怎样的？

EXPEED是尼康公司的影像处理器，它代表的不仅仅只是图像处理器，同时也代表了全面的图像处理技术。EXPEED集合了尼康长期以来以及从银盐胶片相机向数码相机（始于 D1）转变的过程中所积累的经验、优化的技术和知识，这一系统体现了尼康对数码影像强烈的热情。在EXPEED的协助下，尼康CMOS感光器具有更宽广的动态范围， A/D转换器以14位输出转换成16位像素处理，以获得层次丰富多样、高分辨率和高质量的照片，同时还能实现改进高速性能、高感光度时具有降噪功能的ISO 6400感光度，主动D-lighting和图像控制系统等先进特性。

尼康公司生产的EXPEED处理器，目前已发展到EXPEED 3。

041 五棱镜的工作原理是什么？

五棱镜通常是一整块实心的玻璃经过切削研磨而成，然后在外表（除与对焦屏和取景目镜相接的两个面外）均镀上反光材料，其作用是使拍摄者在取景器中看到的图像与人眼直接看到的景物方位完全一致，以便正确地取景和对焦。在快门开启时，反光镜向上弹起让出光路，光线在五棱镜内部形成镜面反射，将对焦屏中上下颠倒的图像校正过来。五棱镜反射率非常高，光路中光线损失很少，因此取景视野明亮清晰。

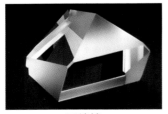

五棱镜

光线在五棱镜内传播的示意图

经过五棱镜的调整，外界景物所成的倒立的像会校正过来，人眼从取景器中即可看到正立的像，便于构图和拍摄。

042　什么是眼平五棱镜？

优质光学玻璃精磨而成的五棱镜有非常优秀的光学性能，反射率非常高，五棱镜反射率近似等于100%，光路中光线损失非常少，因此取景视野明亮清晰。但是，优质的五棱镜造价昂贵，而且比较沉重，增加了整台相机的成本和重量。在五棱镜中，实际参与光线转向的只有两个反射面，于是，一些厂家在低端数码单反相机中广泛使用另一种光学装置来模拟五棱镜的光路，代替五棱镜的功能，这就是眼平五棱镜。

043　什么是机身马达？

机身马达是给镜头提供对焦动力的装置，过去的镜头是不带马达的，对焦时需要机身的对焦马达才能自动对焦，比如尼康的很多机型就有机身马达。机身马达的好处是，镜头可以做得更轻便；由于镜头内不用装超声波马达，因此价格相对超声波马达的镜头更便宜。机身马达的缺点是自动对焦时噪声较大，而且根据镜头的不同，会出现长焦头自动对焦时扭力不够的情况，导致自动对焦速度减慢。有些高端镜头本身就配备有超声波马达，性能比机身马达要好，这时机身马达便不发挥作用，但低端的变焦镜头和定焦镜头并不具备超声波马达，这时就要由机身马达为镜头的对焦系统提供动力。由于镜头内的超声波马达效率比机身马达高许多，所以越来越多的新镜头都采用了超声波马达。

配备机身马达的数码单反相机

044　屈光度调整的原理是什么？

由于每个人的视力情况不同，从取景器中看到的景物的模糊程度也不同，因此在目前的数码单反相机中，各厂家都为相机安装了屈光度调节装置，在相机取景目镜处加一组镜片，通过旋钮等操作调整镜片的位置关系，就如同近视眼镜的度数，调整后可以使不同视力的人都能看清。屈光度调整范围一般为−300~+200，目的是方便一些轻微近视或眼花的人群观看取景器内的效果。

————屈光度调节旋钮

拍摄前，未进行屈光度调节时，可能因拍摄者的视力情况差异而导致取景器显示模糊。这时应在观察取景器的同时，旋转屈光度调节旋钮，寻找显示最清晰的位置。

景深预览按钮为什么有时不起作用？

在通过取景器观看要拍摄的画面时，为了能够对最明亮的可能影像进行构图和聚集，镜头总是将其光圈开至最大，这样在最大的光圈下总是呈现出最浅的景深。为了能够看到实际的景深大小，可按下景深预览按钮，此时看到的场景景深情况就和拍摄得到的场景景深相似。而如果光圈设置为非常小的状态，那么按下景深预览按钮时，通过取景器看到的景深状况几乎不会发生变化，或者变化很小，不易被发觉。即只有光圈开得比较大的情况下，按下景深预览按钮后，才可观察到明显的变化。

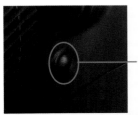

景深预览按钮

使用景深预览功能，有时可能无法观察出景深的变化效果，这可能是因为拍摄所使用的光圈较小。按下按钮后比较明显的变化是取景器中的画面要变暗一些。

在取景器中预览景深效果　　　　实际拍摄的画面效果

肩屏有什么作用？

肩屏是位于数码单反相机肩部的一面液晶屏，在中高端的单反相机中比较常见，此外，在一些比较专业的数码相机和胶片相机中也会具有。肩屏的用途主要是显示包括光圈、快门值、ISO感光度、拍摄模式、对焦模式、曝光值等拍摄参数，有的还能显示可拍摄的照片数量。没有肩屏的单反相机需要在相机背面的液晶屏上显示这些数据，比较麻烦，不方便观看，而且非常耗电，所以有没有肩屏是入门级单反相机和中高端单反相机的一个显著区别。

数码单反相机的肩屏显示包括光圈、快门值、ISO感光度、拍摄模式、对焦模式、曝光值等拍摄参数，是中高端单反相机与入门级单反相机的一个显著区别。

047 什么是电池手柄，有何作用？

许多专业数码单反相机都加了手柄，是一体式的，如佳能EOS 1Ds Mark III、尼康D3x等。本身不带手柄的单反相机，也可以在数码单反相机底部外接一个电池手柄上去。手柄主要是使拍摄者在竖拍时右手也能保持正常的姿势（避免右手长时间抬起导致酸痛），拍摄时更加舒适；手柄上具有曝光控制功能，带有竖拍快门按钮。另外，外接的电池仓可以多装电池，以增长相机蓄电力，为相机提供额外的电源。同时，部分机型加上手柄可提高连拍速度，如尼康D300。

一般，原厂的电池手柄价格较高，副厂生产的电池手柄价格低一些，摄影者在购买时需量力而行。同时，不同型号的相机所配备的手柄不同，摄影者应选择与自己相机配套的手柄。

电池手柄，可接在数码单反相机底部，为相机提供额外的电源。

048 全手动操作模式是什么意思？

在数码单反相机的模式拨盘上有M、Av（A）、Tv（S）、P等拍摄模式，Av（A）、Tv（S）、P等拍摄模式是部分手动功能，即部分参数可调，部分参数由相机自动调整，拍摄者不可调节。M模式为全手动操作模式，摄影者根据自己的需要手动设置ISO感光度、光圈、快门、白平衡等拍摄参数，另外还应注意观察液晶屏上的曝光量指示标志，指针偏左表示曝光不足，指针偏右表示曝光过度。

全手动操作模式是摄影者创作空间最大的拍摄模式，画面的明暗效果、色彩效果等都可以在全手动模式下有特殊的表现。

设定全手动操作模式

光圈：F20.0　快门：483s　焦距：25mm　ISO感光度：100

利用全手动操作模式拍摄的夜景，曝光时间长达8分多钟。

049 **高清摄像与全高清摄像有什么区别**？

高清与全高清这两个概念最初源于数字电视的标准，后来逐渐成为广播电视、摄像机、数码相机的行业标准。高清摄像功能可以拍摄高质量、高清晰的影像，拍摄出来的画面可以达到720线的逐行扫描方式（分辨率为1280×720），而全高清摄像是指物理分辨率高达1920×1080显示。很显然，由于在传输的过程中数据信息更加丰富，所以全高清摄像在分辨率上更有优势，尤其在大屏幕电视方面，全高清功能可以确保更清晰的画质。我国已经确定将1080线作为广播电视的拍摄标准，目前，已有数款佳能系列数码单反相机的全高清摄像功能可以用于拍摄全高清电视短片，如佳能EOS 500D、550D、60D、5D Mark II等。

050 **视野率代表什么**？

每台相机的取景器上都有视野框，透过观景窗看到的景物通常比实际画面小，取景器的视野相对于实际画面之比就是视野率。在相机的取景器参数介绍中，一般会提供取景器的视野率，有的数码单反相机取景器视野率为95%左右，有的为98%左右，通常只有高档机器才会有100%的视野率。

数码单反相机的取景器

取景器视野率约为95%

取景器视野率约为100%

实际画面。对比从95%视野率的取景器中看到的画面和从100%视野率的取景器中看到的画面，然后与实际画面对比，可以发现视野率为100%时，通过取景器观察到的画面与实际拍摄到的画面大小几乎一致。

051 反光镜的作用是什么？

在摄影取景时，光线透过镜头进入相机，正对的方向是快门和感光元件，人眼是无法直接通过取景器看到所拍摄画面的，这显然不利于摄影者观察。为此，相机内安放了一面反光镜，它可以将外界通过镜头所成的像反射到五棱镜中。按下快门拍摄时，反光镜向上升起，为光线让开通道，同时将通向五棱镜的光路遮挡，防止杂光反向通过目镜进入相机影响成像。拍摄完毕后，反光镜回位，准备下一次的取景、拍摄。

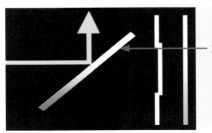
← 取景时反光镜的状态

摄影者通过取景器观看到所拍摄的画面，是经过反光镜反射上来的光线。

052 反光镜预升是什么意思？

单反相机的"反光镜预升"功能是在拍照之前就把反光镜提升并锁定，来减少曝光时的震动。反光镜预升一般只适用于被摄物体在反光镜预升时会相对保持静止的情形，因为取景框在这时是不可用的。该功能可以在微距或夜景拍摄时有效避免反光镜震动导致的图像模糊。开启反光镜预升功能后，拍照时需要按两次快门，第一次预升反光镜，第二次快门开启，完成拍摄。

053 什么是热靴？

热靴位于数码单反相机顶部，用于连接各种外置附件（如闪光灯、摄影灯等）的固定接口槽，槽中置有提供这些临时性外接设备正常工作的电源接头和音频信号输入的接口，有些还有热靴盖，热靴表面都有两条平行的金属沟槽，用来卡紧这些外接设备的紧固螺栓。

对于一般的数码单反相机来说，热靴的主要用途是用来连接和固定外置闪光灯。数码单反相机的内置闪光灯闪光指数较低，并且使用起来不够灵活，这时即可借助热靴来外接闪光灯。

数码单反相机顶部的热靴。

通过热靴将外置闪光灯连接到数码单反相机上。

机身防抖的原理是什么？

机 身防抖在索尼、宾得、奥林巴斯等品牌中常见到，是将感光元件（CMOS或CCD）设计为可以活动的，当拍摄发生抖动时，可通过相机的位移检测，来针对抖动幅度进行测量，同时对传感器进行移动来补偿校正，保证照片不因相机的轻微抖动而虚化。机身防抖的好处是适用性强，无论镜头是原厂生产还是副厂生产的，拍摄模式是自动还是手动的，都可以得到近3挡快门速度的补偿。

 连拍速度是由什么决定的？

数 码单反相机在拍摄时要经过光电转换、图像处理转换及记录存储等过程，其中无论转换还是记录都需要花费时间，特别是记录存储时花费的时间较多。一般数码单反相机都会标定连拍速度，可是在实际拍摄时往往达不到标称的连拍速度，这可能是由多种因素引起的。相机连拍速度由快门速度、存储照片的格式和大小、存储卡的读写速度，以及电池电量等决定。想要提高连拍速度，可采用增大光圈、提高ISO感光度、更换读写速度快的存储卡等方法。连拍速度对于摄影记者和体育摄影爱好者来说是必须考虑的指标，而普通摄影场合则可以不考虑。

光圈：F7.1　快门：1/30s　焦距：200mm　ISO 感光度：100

使用相机的连拍功能拍摄赛马比赛场景，然后可以从拍摄的照片中挑选出较好的一幅。

056 续航能力是指什么？

续航能力，通常是指船舶、飞机等连续航行的能力，现在也用来比喻各类数码产品的电池最长待机时间。电池的续航能力是指电池充足电后在平均待机或使用频率下电池的工作时间的长短。在同一电子设备和同一使用状态下，决定电池续航能力的主要因素就是电池的容量，容量越大，续航能力就越强。在电池容量相同的情况下，耗电量越小，则续航能力越强。一般电池容量用mAh表示，数值越大越好。

Canon EOS 1Ds Mark III相机上使用的电池LP－E4，电池容量为2300mAh，续航能力较强。

057 按下快门时为什么会有"啪嗒"声？

单反相机中有反光镜的设计，在拍摄时，反光镜会弹起，曝光完成后再放下，这种机械的震动就表现为"啪嗒"声。不同品牌、不同型号的相机，由于采用的技术不同，反光镜和快门一起运动时发出的声音也不同。

③ 摄影附件知识

058　相机中使用何种电池，其特点是什么？

现在，数码相机电池大多使用锂离子电池。锂离子电池使用方便，具有高能量密度、高电压、使用寿命长等特点，在正常条件下，锂离子电池的充放电周期可超过500次，且充电速度快。此外，锂离子电池体积小，可以使相机的体积更加小巧。由于锂离子电池中不含有重金属镉，与镍镉电池相比，锂离子电池大大减少了对环境的污染。

电池对于数码相机来说非常重要，一块强劲的电池在拍摄时可以提供长时间的使用，特别是外出旅行不方便充电时，就显现出其重要性。

佳能品牌电池

尼康品牌电池

059　相机电池初次使用时是否需要充放电三次？

"电池在初次使用时需要充放电三次"的说法是镍电池的使用方法，而相机中使用的是锂离子电池。锂电池和镍电池的充放电特性有非常大的区别，锂离子电池自身没有记忆效应，不需要再充放电三次，而且初次充电时时间也不宜过长，过充电和过放电会对锂离子电池造成巨大的伤害，对电池本身的寿命也有很大的影响。在初次使用相机电池时，按照标准时间和标准方法进行操作即可。

锂离子电池在初次使用时不需要充放电三次，按照标准时间和标准方法进行操作即可。

060　原厂电池与副厂电池有什么区别？

原厂电池是由相机厂家生产或是授权委托其他厂商生产的，副厂电池是指没有得到厂家授权许可的厂商所生产的电池，但副厂生产厂家也必须是正规厂家，有自己的品牌，能够对产品质量负责。副厂电池款式与原厂电池很相似，但是商标、标识、包装都有别于原厂电池，价格上也有明显优势。使用数码相机时，可以以原装电池为主，备用电池可以选择副厂电池，做临时应急用。需要注意的是，选购副厂电池时，应选择与相机配套的电池型号。对于个别进口高端产品来说，会出现副厂电池与相机不配套而烧坏相机的情况，所以如果是高档进口产品的话，建议备用电池优先选择原厂电池。

佳能原厂电池LP-E6，适用机型为Canon EOS 5D Mark II。

品胜电池LP-E6，适用机型为Canon EOS 5D Mark II。选购副厂电池时应注意，要选择与相机配套的电池型号。

相机闲置时是否要取出电池？

一般来说，如果相机经常使用，就没必要经常取出电池。如果超过几个星期甚至几个月不使用相机的话，最好把电池从相机里面取出来，因为如果将电池长期留在相机内，过度的小电流放电会缩短电池的使用寿命。存放电池时，为电池装上保护盖，置于干燥和阴凉处，最好不要将电池和金属物品放在一起，以防止短路。

拆装存储卡时为什么要关闭相机电源？

安装和取出存储卡之前，应关闭相机电源。存储卡用于记录相机拍摄的图像信息，是非常精密的电子产品。存储卡与相机相互之间采用电路连接，在相机电源开启的状态下，最好不要进行拆装存储卡的操作，否则不仅可能丢失所存储的图像数据，甚至可能导致存储卡损坏，所以使用存储卡时应特别注意。

常见的数码单反相机存储卡有哪些种类？

对于数码单反相机来说，存储卡就相当于相机的"胶片"。存储卡的体积较小，但是照片存储量很大，可以重复使用，且便于把照片导入电脑中。常见的存储卡类型有SD卡、CF卡、xD卡、SM卡、MMC卡、记忆棒等。

SD卡有什么特点，适用于哪些机型？

SD（Secure Digital）卡是由松下、东芝和SanDisk公司共同开发研制的一种存储卡。SD卡的主流容量为4～16GB，而目前市面上出售的SD卡容量已经达到了64GB，未来还会出现容量更大的SD卡。

目前，SD卡已经在消费类数码相机中取得了绝对的市场占有率，除了索尼和奥林巴斯的数码相机，其他品牌的数码相机都采用SD卡作为存储介质，一些小型数码单反相机也采用SD卡作为存储介质。

065 CF卡有什么特点，适用于哪些机型？

对于数码单反相机而言，CF（Compact Flash）卡是最常见的一种存储卡，其存储容量大，成本低，兼容性好，当前市面上常见的CF卡容量有4GB、8GB、16GB等。CF卡的速度一般用"多少倍"来表示，这个"倍"的标准与CD-ROM相同，基数是150KB/s，例如，80倍的CF卡即代表这张卡的理论读写速度可以达到12MB/s。但是，在实际的应用中，这个速度通常都要打上不少折扣。高速的CF卡在连拍或者拍摄RAW文件等场合下能明显发挥优势，不过对于一般的拍摄（单张拍摄或者使用JPEG格式存储），却不见得能让使用者明显感觉到速度的提升。

目前市场上主流的数码单反相机中，不能使用CF卡的数码单反相机包括尼康D50、D40、D40x、D80，宾得K100D、K10D，三星GX-1L/1S、GX-10，松下DMC-L1/L10。除此之外，其他数码单反相机均支持CF卡。

066 xD卡有什么特点，适用于哪些机型？

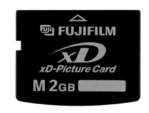

xD卡（xD Picture Card）是奥林巴斯公司和富士公司联合研发的产品，其尺寸很小，重量也轻。xD卡的容量较小，目前市面上常见的xD卡容量多为1GB和2GB两种，其读取速度可以达到5MB/s，写入速度也可以达到3MB/s。

xD卡是奥林巴斯和富士两家公司主推的存储卡标准，两大品牌的消费类数码相机均支持xD卡。但是在数码单反相机中，目前能够使用xD卡的机型仅有奥林巴斯数码单反相机。

067 SM卡有什么特点，适用于哪些机型？

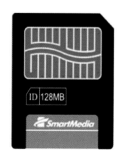

SM（Smart Media）卡是以东芝、三星这两家公司为主生产的。由于SM卡本身没有控制电路，而且由塑胶制成，因此SM卡的体积小，非常轻薄，在2002年以前被广泛应用于奥林巴斯和富士的数码相机。但由于SM卡的控制电路集成在数码相机当中，这使得数码相机的兼容性容易受到影响。目前，市场上已很难看到SM卡了。

068 记忆棒有什么特点，适用于哪些机型？

记忆棒（Memory Stick）是索尼公司的产品，其传输速度非常快，最大读取速度可以达到60MB/s，写入速度则可以达到15MB/s。记忆棒目前的主流容量为1～4GB。记忆棒的出现主要为高清视频设备设计，用在数码单反相机上也能充分发挥其性能。

由于记忆棒主要由索尼公司主导，所以市面上销售的品牌也较为单一，这是一种索尼的独家格式，因此只在索尼的数码相机中使用。

069 全高清摄像功能对存储卡的读取速度有什么要求？

随着存储卡技术的发展，存储卡的存取速度也分出了等级。数码相机中普遍采用的SD卡的升级产品SDHC卡，其速度性能分为如下4个等级，不同等级分别满足不同的应用要求。

· Class 2：能满足观看普通MPEG4、MPEG2的电影，SDTV，数码摄像机拍摄；

· Class 4：可以流畅播放高清电视（HDTV），满足数码相机连拍等需求；

· Class 6：满足数码单反相机连拍和专业设备的使用要求；

· Class10：满足更高的拍摄需要。

一般来说，Class 6以上的读写速度就可以满足全高清摄像功能对存储卡的读取速度要求。

在数码单反相机中广泛使用的CF卡采用倍速来表示存储卡的存取速度。目前CF卡的倍速有100X、133X、200X、266X、300X、600X等，其中1倍速=0.15MB/s。使用数码单反相机的全高清摄像功能时，要求CF卡的倍速应达到266X及以上，读取速度越快越好，避免产生卡屏现象。

070 格式化存储卡的目的是什么？

一般来说，存储卡在出厂前已经格式化了，格式化存储卡的目的是使其存储量提高，以更好地与相机兼容。只使用删除功能，会让存储卡空间的前半段一直重复使用，格式化是重新对存储卡进行分区，以充分利用卡的每一个存储部分，通过格式化可以避免固定反复地使用存储卡前半段存储空间，从而使整个卡提前失效。

071 常见的滤镜有哪几种？

摄影是一门用光的艺术，但是光是难以捉摸的。仅仅靠相机自身的镜头来驯服这些光线是非常困难的，因此可在相机的镜头前再加上一层滤镜来控制不同的光线进入镜头。滤镜通过滤光，可以对光的颜色、强度、振动方向等进行调整，帮助摄影者创作出更好的作品，并且滤镜可以起到保护镜头的作用。常见的滤镜有UV镜、偏振镜、减光（中灰）镜、渐变镜、星光镜、柔光镜、特殊效果滤镜等。

072 滤镜上标注的77mm（或其他尺寸）是什么意思？

在购买滤镜时，会看到滤镜外圈处标注了77mm或者其他尺寸，这表示该滤镜的接环规格，也就是用于配不同镜头的口径。一般购买滤镜时，要根据镜头标注的可用附件规格（口径）进行购买，当然也可以通过转接环来配用现有的滤镜。

073 UV滤镜有什么作用？

在所有滤镜中，使用最多的应该是UV滤镜了。UV滤镜有两个作用。第一，UV镜可以有效地吸收光线中的紫外线，提高照片的清晰度。由于紫外线的存在，相机曝光时就会产生一层薄雾感，而使用UV滤镜后，光线在进入相机前就被过滤掉大部分的紫外线，因此使照片看起来更加透彻。第二，UV滤镜可以起保护相机镜头的作用，在使用相机的过程中，相机镜头中可能会进入灰尘或留下污渍，特别是在有风沙或阴雨天气使用时，UV滤镜可以有效地保护镜头。

偏振镜有什么作用，怎样使用？

摄 影者可能会遇到照片效果饱和度不足、拍摄对象反光严重等问题，这时需要使用偏振镜来进行调节。偏振镜是利用偏振作用，对光进行选择、控制和调整的一种滤镜。偏振镜主要有以下作用。第一，使用偏振镜有利于去除或减弱非金属物体表面产生的眩光；第二，使用偏振镜可以有效地加深天空的蓝色；第三，偏振镜可以有效改善彩色影像的色彩饱和度；第四，偏振镜可以作为中性灰密度镜使用。

偏振镜的使用效果是随着角度不同而变化的，使用时，要顺着安装偏振镜时的方向旋转，这样可以调整透过偏振镜的光线多少，允许特定方向照射来的光线，同时可以滤除另一些方向射来的光线，最终可以调整光线进入镜头后的拍摄效果。

下面看入射光线的波形与偏光镜偏振夹角之间的关系。当两者夹角为0°，即光波上下震动方向与偏振夹角相同时，透过的光线最多；当两者夹角为90°时，通过的光线非常少。

光线与偏光镜的偏振夹角为0° 　光线与偏光镜的偏振夹角为45° 　光线与偏光镜的偏振夹角为90°

未使用偏振镜拍摄的风光画面，显得雾蒙蒙的。

光圈：F8.0　　　快门：1/250s
焦距：12mm　ISO感光度：160　曝光补偿：−0.5EV

使用偏振镜后，照片中的天空更蓝，色彩饱和度增加。

075 减光（中灰）镜有什么作用？

减光镜的作用是减少进入镜头的光线，也叫中灰镜。使用减光镜可以削弱进入相机的光量，它改变的只是感光元件的曝光量，对场景的相对明暗值不会产生任何影响。在某些特定的场合下需要使用慢速快门，例如晴天拍摄瀑布时，如果缩小光圈也不能达到要求的话，就可以使用中灰镜，或者在强光环境下，由于快门速度的限制，常会使拍出的照片曝光过度，这时也可以使用中灰镜。

减光镜的减光程度是以镜片的浓度来衡量的，通常以ND值来标识。

未使用减光镜拍摄的小溪画面，使用了慢速快门表现小溪的运动模糊状态，画面曝光过度。

光圈：F13.0
快门：6s
焦距：24mm
ISO 感光度：50

使用减光镜后，可以有效降低曝光量，以拍摄出快门足够慢、曝光准确的画面。

(076) 渐变镜有什么作用，怎样使用？

大部分的滤镜都是对照片平均作用的，而渐变镜的作用是有渐进效果的，渐变镜的作用只在其中一边，另一边对照片没有影响。在拍摄部分场景的画面时，有时会遇到场景中各个部分明暗分布不均的情况。如果要获得曝光比较均匀的照片，则需要将进入镜头的光线调匀，这时可以通过渐变镜来调整。

在使用渐变镜时，将滤镜较暗的一边遮挡住画面中光线较亮的场景，透光性好的部分通过较暗的被摄场景，调整后可以获得较均匀的曝光效果。

未使用渐变镜拍摄的画面，远处树林中的光线较强，而近处河流较暗，如果使树林部分曝光正常，则近处的河流就会曝光不足。

光圈：F16.0
快门：1/400s
焦距：30mm
ISO 感光度：100

使用渐变镜的较暗区域将树林处遮住，最终可获得整体曝光正常的画面。

077　星光镜有什么作用？

星光镜可以使场景中每一个明亮的光点处都产生星状闪光，营造出浪漫而又童趣的意境，光点越明亮，星光效果就越明显。星光镜有不同效果的星状闪光，如4星状、6星状、8星状等。星光镜可产生星状闪光效果是因为滤镜表面有网状浅槽的细线，合理使用星光镜可以为照片增色不少，能够烘托画面的气氛，增加照片的感染力，但是星光镜切忌滥用，使用不当就会令照片变得俗气、浮躁，没有新意。

光圈：F22.0　　快门：1/250s
焦距：16mm　　ISO 感光度：100

使用星光镜后，可加强画面中太阳产生的美丽的星芒效果。

078　快门线的功能是什么？

在拍摄照片的过程中，手指按下快门的刹那，总会有力道涌向相机机身，引起相机震动、歪斜，这会破坏拍摄照片的清晰度或取景的准确性，降低照片质量。为避免此种情况发生，可使用快门线辅助拍摄。快门线是一种可以控制相机快门动作的电子仪器，它可以在不使相机抖动的前提下驱动快门动作完成拍摄，使拍摄的照片效果更清晰，取景更准确。常见的快门线有机械快门线、电子快门线、定时快门线等。

比较常见和较常使用的快门线是电子快门线，半按快门线的快门按钮时，相机实现对焦、测光，完全按下时，相机将完成拍照。有"锁定B门"功能的电子快门线在操作时，把B门按键向上推拉，则B门按键被锁定，相机将实现长期曝光并对焦；把B门按键复位时，快门闭合，曝光结束。

B门即手控快门，按下快门时，快门打开开始曝光，松开快门，则快门关闭停止曝光，即由按下快门的时间长短决定曝光时间的长短，而不用设定具体的快门速度，拍照时的曝光时间完全由手指掌控。B门是主观自由控制时长进行曝光的有效武器，利用这项功能可以在手动操作模式下设定任意时长的曝光时间。B门在天文摄影、烟花摄影、普通夜景摄影时使用较多。

光圈：F9.0　快门：1/1250s　焦距：18mm
ISO 感光度：200　曝光补偿：−0.7EV

使用快门线拍摄时，可使相机更稳定，画面效果更清晰。

怎样使用遥控快门线？

遥控快门线是用来对数码相机进行一定距离的遥控的装置，在遥控模式下能够对数码相机的快门进行控制，使用户能够方便地进行手持拍摄。

使用时，将相机设定为自拍模式，然后将遥控快门线对准相机的遥控感应器并按下传输按钮，这时自拍指示灯点亮并拍摄照片。

遥控感应器
自拍指示灯

选择快门线时应注意什么问题？

目前，市场上常见的快门线有机械快门线、电子快门线等。快门线并不是通用的，不同品牌不同型号的相机所使用的快门线型号不同。选购快门线时，应注意选择与相机型号相对应的快门线型号，避免出现所购买的快门线在自己的相机上不能使用的情况。

什么情况下需要使用外接闪光灯？

目前，大部分数码相机都设有内置式闪光灯，可用来对景物进行补光。但是内置式闪光灯的闪光指数较小，要拍摄4米之外的景物或较大场面，内置闪光灯就会显得力不从心。单单使用内置闪光灯有很多局限，如补光距离近、角度不可控等，这时就需要购买一个功能强大的外接闪光灯。外接闪光灯的闪光指数高，补光距离远，且角度可调，摄影者可以对被摄物体进行随心所欲的补光。例如，在拍摄人像时，如果直接使用内置闪光灯对人物补光，那么光线会直接打到人物身上，画面会显得生硬、不自然，而使用外接闪光灯可调整闪光头的方向，利用反射光打到人物身上，会比直射光柔和得多，人像看起来更富有层次。

光圈：F1.6　快门：1/2000s　焦距：85mm　ISO 感光度：100

当拍摄距离较远，内置闪光灯的补光距离不够时，可使用外接闪光灯对被摄物进行补光。

082 外接闪光灯前用一片白布遮住，是为什么？

使用闪光灯时，直射打光是一大禁忌，因为闪光灯的直射光通常比较锐利且死板。一般来说，拍摄者会将闪光灯打到浅色的表面，如墙壁、天花板等，然后通过这些浅色表面的反光对物体进行补光。为了方便，也可在闪光灯前用一块白布遮住，相当于对光线做了柔光处理，透过白布对拍摄主体进行补光，通过这样的方式获得的是散射光，在拍摄人像时，散射光的效果可以生动地表现出人物的质感和空间感。

光圈：F4.0　快门：1/125s　焦距：70mm
ISO 感光度：100　曝光补偿：−0.3EV

　　在外接闪光灯前加一块白布，相当于对光线做了柔光处理，使人物看起来更富有层次，避免了闪光灯直接打到人物身上产生生硬的现象。

083 闪光灯的闪光强度用什么来衡量？

衡量闪光灯发光强度的物理量称为闪光灯指数，也叫GN（Guide Number）值。ISO值为100时，GN值=闪光距离×光圈大小。GN值越大，表示闪光灯强度越高，则有效闪光的范围也就越大，能够照射到更远的距离。例如，假设闪光灯指数为58，光圈值是F4.0，那么闪光距离就是14.5米。

佳能580EX II型闪光灯，该闪光灯闪光指数（即GN值）为58。

GN值是一个恒定的量吗？

闪光灯的GN值=闪光距离×光圈大小，但GN值并不总是恒定的，它与闪光灯内电池的电量有关，电量充足时，GN值为最大值；随着闪光灯电池电量的减少，GN值也会变小。

为什么要使用三脚架？

想要拍摄清晰的照片，最重要的一点就是配置三脚架，三脚架可以有效防止拍摄时的抖动，增强相机的稳定性。在光线较暗的环境中拍摄时，相机曝光时间往往较长，手持相机拍摄无法拍出清晰的照片，例如拍摄夜景时，如果没有三脚架，则基本无法拍摄。进行微距摄影或需要精确构图的摄影时，也必须有三脚架的支撑，否则轻微的相机抖动就会使拍摄的照片发虚。

光圈：F9.0　快门：13s　焦距：24mm　ISO 感光度：200　曝光补偿：−0.3EV

进行夜景摄影或需要长时间曝光的场景摄影时，三脚架是必不可少的附件，它可以有效增强相机的稳定性，保证拍摄画面的清晰度。

三脚架由哪几部分组成？

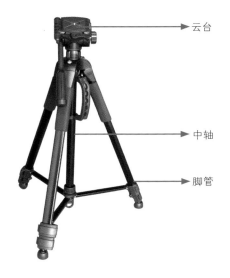

云台

中轴

脚管

从构造上来说，三脚架大致分为脚管、中轴和云台3部分。

·脚管：三脚架的脚管一般有三节，使用时拉开固定好，携带时三管收为一管，便于携带。另外也有四节脚管的三脚架，四节脚管收起后，体积更小，更便于携带，但因为做工要复杂，使用材料要更昂贵或更多，所以四节脚管的三脚架价格往往高于三节脚管的三脚架。

·中轴：如果通过调整脚管的长度来调整拍摄水平线的高低，那么非常麻烦，并且不容易取水平。通过调节中轴高低，则可以轻松设置好拍摄的高低位置。

·云台：三脚架的顶部放置相机的器件为云台。云台主要用于变换相机拍摄的上下左右角度，并可以精确地定位相机，取得稳定的拍摄效果。

球形云台与三维云台有什么区别？

球形云台

总体上来看，云台可以分为球形云台和三维云台两种。

球形云台的活动主体是一个（或两个）球体，通过一个或几个旋杆来控制球体的活动与紧固。球型云台的优点是操作方便、快捷，任意确定好一个角度，只要一个锁紧操作，就可以固定相机；缺点是它在构图微调方面不及三维云台精准。

三维云台通过三个不同方向的锁扣来确定相机的方向，优点是承重性能好，能够固定相对较重的相机和镜头，而且能够比较精确地调整角度；缺点是操作复杂，不能一步到位。

概括而言，球形云台定位灵活，操作更快捷方便，三维云台更加精确稳定。

三维云台

三脚架通常由哪些材质组成，分别有什么特点？

三脚架有很多材质，主要有不锈钢、铝合金、镁合金、碳纤维等几种。不锈钢材质的三脚架坚固，稳定性高，但是太重，不适合携带；铝合金和镁合金材质的三脚架比较常见，这类材质的三脚架重量轻，材质坚固可靠，耐用性强；最新式的三脚架使用碳纤维材质制造，它的韧性比铝合金更好，重量更轻，但价格昂贵。

金属材质的三脚架价格相对便宜，并且稳定性较好，但往往较重，不便于携带。

碳纤维三脚架稳定性和便携性都相对较好，但价格昂贵。

常用三脚架有哪些品牌？

三脚架品牌众多，目前，高档的三脚架多数是国外的品牌，常见的如法国的捷信、意大利的曼富图、日本的金钟等，进口产品的操控性能、操作手感和耐用性较好，但价格稍贵，往往达千元甚至更高。国产品牌有伟峰、百诺、思锐等，性能可靠，价格便宜，基本能满足大多数的拍摄需求。

意大利曼富图　　　　　日本金钟　　　　　国产百诺　　　　　国产思锐

090 怎样选择适合自己的三脚架？

首先，从拍摄用途方面考虑。如果定点摄影比较多，则购买三脚架时应考虑稳定性等因素，不锈钢材质的三脚架稳定性高，但不便于携带；如果是旅游摄影，则可以购买碳纤维和镁合金材质的三脚架，这种三脚架重量轻、材质坚固可靠，耐用性强，但价格稍高。

其次，从品牌上选择。进口三脚架性能优，操控性强，但价格高；国产三脚架性价比高，性能可靠，基本能满足一般拍摄者的摄影需求。摄影者可量力购买。

091 独脚架的功能是怎样的？

脚架的作用是稳定相机，与三脚架不同，独脚架并不适合长时间曝光的应用。独脚架的意义在于可提供相当程度的便携性和灵活性。 独脚架在使用时与拍摄者的双脚组合成三脚架，拍摄者分开双脚，自然站立，单手握紧脚架，其稳定性也是非常高的。在拍摄野生动物或登山时对便携性要求很高的场合，使用独脚架便于拍摄，还可以提供有效的稳定性，有些独脚架还具有登山杖的功能；在体育比赛、音乐会、新闻报道现场等场地空间有限、没有架设三脚架位置的场合，使用独脚架可以节约空间；另外，在需要抓拍，又需要一定稳定性，对灵活性要求较高的场合下，也可以选择使用独脚架。

目前，一些独脚架的底部还加入了利用三根可折叠的脚管组成的底座，这大大增强了独脚架的稳定性。使用完毕后，脚管可以收回，又不失便携性。

独脚架　　　　　　　　　　独脚架底座　　　　　　　　带底座的独脚架

092 摄影包有哪几种类型，不同摄影包的功能是什么?

摄影包基本上可分为三种类型，分别为单肩包、双肩包和三角包。

单肩包：单肩包是比较常见的摄影包，一般多用于短途旅行及平时的携带。专业的单肩包能够携带镜头、闪光灯、电池、滤镜、数据线等简单器材，取用都比较方便。但放置较多摄影器材的单肩包在携带时，所有重量都会集中在一个肩膀上，时间久了会产生疲劳感。

双肩包：双肩摄影包相比于单肩包有更大的存储空间，可以放置较大的镜头，并且一般可以容纳两个机身，其他诸如滤镜、电池以及闪光灯等附件也都有宽敞的携带空间。有的双肩摄影包还可以内置或外挂三脚架，一个摄影包几乎能容纳所有摄影所需的器材，并且能够将器材的重量合理均匀地分布于双肩及背部，便于长时间、长距离的携带，例如长途旅行等。但是双肩包的取用却比较麻烦，便携性是双肩包的一个劣势。

三角包：三角包也称为枪包，多用于携带镜头、滤镜以及零散的小部件。三角包最大的优势就是便于携带，但劣势也很明显，相比于其他两种包，三角包的容积一般较小，无法携带很多器材。

单肩包　　　　　双肩包　　　　　三角包

093 摄影包的构成是怎样的?

一般比较专业的摄影包都有防雨设计，具有较好的防雨、防水功能，这样可以避免在雨天或多水的环境中弄湿摄影器材。专业摄影包的防雨罩一般放置于包的夹层中，不用时收起便于携带，使用时从中拉出即可，非常方便，其重要性也不言而喻。

专业摄影包的内部构造比较科学，不同的夹层或隔断分别放置不同的器件，器件放入后，大小合适，松紧适度，可以避免携带时来回晃动，有效地保护摄影器材，并且可以合理地减少携带体积。

摄影包的防雨设计　　　　　摄影包的内部构造

094 比较经典的摄影包品牌有哪些?

摄 影包品牌众多，比较经典的摄影包品牌有以下几种。

· 乐摄宝（Lowepro）：乐摄宝是目前最受欢迎的摄影包之一，它有足够多的系列和让人眼花缭乱的各种款式，它的背包特性强调的是"全天候"，防水性和防尘性都很不错，而且拥有很好的性价比。

· 国家地理（National Geographic）：国家地理摄影包是由美国《国家地理》杂志与著名脚架生产商曼富图合作设计，并由以制作军用背包而著称的以色列卡塔（KATA）公司制作的。两强携手打造出的摄影包以优秀的品质、合理的空间分配和更加人性化的设计满足了户外探险者和报道摄影师的需求。

· 白金汉（Billingham）：白金汉是老牌的英国产品，做工精良，用料考究，从气派体面的角度讲它无疑是最好的。

· 杜马克（Domke）：杜马克也来自美国，它是很多摄影记者喜欢的摄影包，在很多政治活动中，都可以看到各国新闻摄影记者背着它的身影。

· 澳洲小野人（Crumpler）：澳洲小野人来自澳大利亚，该品牌生产各式各样的便携背包，并不局限于摄影包。

· 天霸（Tenba）：美国的天霸摄影包是在美国职业摄影师市场排名第一的品牌，它的摄影包一直以来以结实可靠和超好的防护而闻名。

· 赛富图：赛富图是国内的摄影包品牌，尽管用料做工与国外的顶级摄影包品牌相比有不小的差距，但价格也公道得多。

乐摄宝摄影包   国家地理摄影包   赛富图摄影包

095 你是否需要一个防潮箱?

数 码单反相机及其镜头都是精密的光学器件，如果保存环境不理想，会缩短它们的使用寿命，严重的甚至会直接损坏。数码相机及其镜头的最佳保存湿度是40%～45%，最佳保存温度为室温，即20℃～30℃，并且要求无灰尘，条件比较苛刻。为了满足这些条件，防潮箱是最佳的选择。在我国东北、西北，特别是南方潮湿多雨的地区，防潮箱更是必不可少的器件；对于高端、专业的摄影器材，因为造价较高，并且更加精密，所以也应该准备一个防潮箱，摄影器材在不使用时，应该放入防潮箱保存。

096 防潮箱有哪几种类型?

防潮箱有简易型、电子型等多种类型。

简易型防潮箱

· 简易型防潮箱:简易型防潮箱大多由强度较高的塑料制成(也有胶质的),盖口配备有橡胶密封圈,内部配备吸湿装置(吸潮卡),并可以通过充电加热来恢复干燥状态,可反复使用,箱体上多数还配有湿度计。简易型防潮箱结构简单,价格便宜,适合一般的摄影用户使用。

· 电子型防潮箱:电子型防潮箱利用湿度计配合电子除湿器或记忆合金除湿器来达到恒定湿度环境的需求,某些电子型防潮箱在提供湿度计的同时还配有温度计。电子型防潮箱无疑是最适合存放相机及镜头的环境,箱内的间隔设计可以方便用户整齐放置多部相机、镜头以及相关配件。电子型防潮箱的价格比普通的简易型防潮箱稍高,适合昂贵摄影器材的保存。

电子型防潮箱

097 相机背带有哪两种使用方法?

相机背带是用于保护相机的附件,因为单反相机一般较重,如果长时间拿在手上会比较累,背带可以把承重的力量转移到身体的其他部位上。使用背带后,可以在拍照或进行其他操作时有效防止相机掉落,并可以方便用户在进行摄影活动时携带相机。相机背带主要有两种使用方法;一种是将背带挂在脖子上使用;另一种是将背带缠绕在手腕上使用。

颈部悬挂背带

手腕缠绕背带

将相机背带缠绕在手腕上使用时，绕法是怎样的？

将相机背带套在手腕上，然后缠绕二至三圈，调整至最合适的角度和长短即可。

手腕缠绕背带绕法

4 DSLR镜头知识

099 镜头在摄影中的地位是怎样的?

对于单反相机来说，镜头是相机中最重
要的部件，可以说，镜头是一部相机
的灵魂，因为它的好坏直接影响到拍摄成像的质
量，而且表现望远、大景深、虚化等各种效果都
离不开不同镜头焦距的变化，所以说镜头是数码
单反摄影中最重要的利器。

尼康镜头群

佳能镜头群

100 镜头的内部结构是怎样的?

镜头的内部构造比较复杂，其主要是由镜片构成的。但任意
一款相机的镜头都不可能是由一块镜片组成，往往是由多
块镜片构成，根据需要，这些镜片又会组成小组，将拍摄对象尽可能
清晰、准确地还原。镜头内还有光圈叶片，用于调整通光量，光圈叶
片的位置因镜头种类不同而异。

Canon EF 14mm f/2.8L II USM镜头

下面看Canon EF 14mm f/2.8L II USM这款镜头的内部结构图，
该镜头是佳能L系列超广角定焦镜头，具有优异的光学素质。镜头采
用圆形光圈，带来出色的背景虚化效果，采用11组14片的光学结构，
其中包括两片非球面镜片和两片UD超低色散镜片，高精度的非球面
透镜使像场边缘影像的畸变校正近于完美。

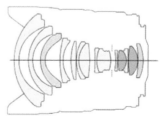

●非球面镜片 ●UD超低色散镜片
镜头的内部结构图

焦距和焦段分别是指什么？

焦距指从透镜中心到光聚集之焦点的距离。光线在传输时，如果遇到一面凹透镜，就会在凹透镜的另一侧汇集到一个焦点，从凹透镜中心点到焦点的距离，称为焦距。镜头焦距就是透镜中心到焦点的距离，焦距是镜头的重要性能指标。

焦段简单来说就是变焦镜头焦距的变化范围。例如，以18~200mm这只镜头为例，18mm就属于广角焦段，200mm属于远摄焦段。

等效焦距是什么意思？

在不同画幅的机型上，同一焦距所拍摄的画面视角大小也不同。一般来说，我们习惯用全画幅相机的镜头焦距来界定拍摄视角，所以也习惯于将不同尺寸感光元件上成像的视角转化为全画幅相机上同样成像视角所对应的镜头焦距，这个转化后的焦距就是全画幅等效焦距。例如，50mm焦距镜头在APS画幅相机中成像的画面，和75mm焦距镜头在全画幅相机中成像的画面大小差不多一致，这时75mm焦距就称为等效焦距，而此处的75/50=1.5即焦距转换倍数，即感光元件大小所成的倍数。在换算等效焦距时有一个公式，等效焦距=镜头焦距×转换倍数。例如，28~70mm镜头用在APS-C画幅相机上的效果就相当于42~105mm镜头用在全画幅相机上的视角效果。一般来说，佳能相机的焦距转换系数约为1.6，尼康相机约为1.5。

1为50mm焦距镜头接在Nikon D700全画幅机型上的视角；2为50mm焦距镜头接在Nikon D90等APS-C（DX）画幅机型上的视角，与75mm焦距镜头接在Nikon D700机型上的效果一致。

103 镜头视角是什么意思？

镜头视角就是镜头中心点到成像平面对角线两端所形成的夹角，对于相同的成像面积来说，镜头焦距越短，其视角就越大。对于镜头来说，当焦距变短时，视角就变大了，所拍摄的大视角接近180°，画面中能够容纳的景物也越多；当焦距变长时，视角就变小了，所拍摄的画面视角要小于10°，画面中可容纳的景物就会越少。

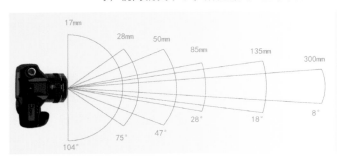

从17mm焦距到300mm焦距，镜头视角从104°缩小为8°的视角范围。

104 镜头防抖是怎样实现的？

拍照时，由于手部抖动或其他原因，会使光路发生偏差，造成画面模糊的现象。如今，很多相机在镜头中加入防抖技术，来解决这个问题。镜头防抖就是在镜头中设置专门的防抖补偿镜组，根据相机的抖动方向和程度，补偿镜组相应调整位置和角度，使光路保持稳定，尽可能抵消手部移动造成的画面模糊现象，最终形成清晰锐利的影像。

光圈：F9.0　快门：1/80s　焦距：24mm　ISO感光度：100

加入镜头防抖技术的镜头拍出来的画面清晰、锐利。

如何看懂镜头性能曲线图？

镜头的成像品质非常重要，虽然有多种针对镜头成像素质的测试方法，但由于测试条件大相径庭，因此这些方法都不能非常准确地反映镜头的真实品质。MTF（Modulation Transfer Function）成像曲线图是目前分析镜头的解像力与反差再现能力比较科学的方法，它是由镜头的生产厂家在极为客观严谨的测试环境下测得并对外公布的，是镜头成像品质最权威、最客观的技术参考依据。虽然这种方法无法测试镜头的边角失光和防眩光特性，但可以对镜头的解像力和对比度等进行测试并有一个直观的概念。

对数码照片成像素质影响最大的是镜头的分辨率和反差。MTF值不但可以反映镜头的反差，也可以反映镜头的分辨率。看MTF曲线图时，要先了解图中所有相关位置和线条所要说明的项目，才能了解曲线图说明的问题。MTF测试使用的是黑白渐变的线条标板，通过镜头翻拍进行测量，测量结果即反差还原状况，如果所得影像的反差和测试标板完全一样，则说明MTF值为100%；如果反差为50%，则MTF值也为50%；0值代表反差完全丧失，黑白线条被还原为单一的灰色。1组MTF有4条线，2条虚线和2条实线，每一条实线会有一条相配对的虚线。

为了显示镜头在最大光圈和最佳光圈的效果，通常一个MTF图中包含2组数据，即在镜头最大光圈和F8时的8条线。图表从左到右代表从中心向边角的距离，单位是mm，最左边是镜头中心，最右边是镜头边缘，图表的纵轴表示镜头素质。黑色的4条线代表镜头在最大光圈时的MTF值，蓝色的4条线代表光圈在F8时的MTF值；粗线可看出镜头的对比度数值，细线则倾向于代表解像力数值；实线表示的是镜头纬向同心圆的相关数值，而虚线表示的是镜头径向放射线的相关数值。对于镜头来说，MTF曲线"越平越好，越高越好"，越平说明镜头边缘和中心成像越一致，越高说明解像力和对比度越好。

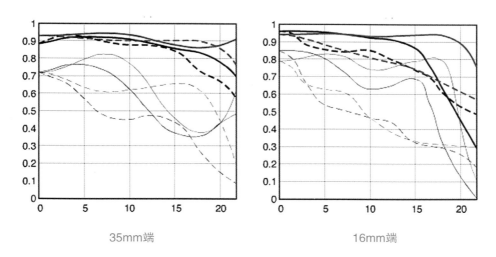

35mm端　　　　　　　　　　　　　16mm端

Canon EF 16–35mm F2.8L II USM MTF图

空间频率值	最大光圈		F8	
	纬向	径向	纬向	径向
10 PL/MM				
30 PL/MM				

106 "锐"和"肉"分别是指什么？

影友们在评论一张照片的锐度时，会经常使用"锐"或"肉"的字眼。"锐"与"肉"是一对相对立的形容词，"锐"指图像的锐度，画面细节多一点，对比度大一些，图像的边缘比较清晰、锐利；"肉"的片子图像过渡比较柔和，边缘不是特别明显，色彩更加柔和一些。其实"锐"和"肉"没有具体的定义，它们是相对的两个概念，不能说谁更好，主要还要看个人喜好和要表达的主题。一般来说，佳能相机拍摄的画面较"肉"，尼康相机拍摄的画面锐度较高。拍摄风景照片时，一般需要锐度较高，可以将画面的细节表现出来，而拍摄人像时，将人物皮肤表现得柔和较好。

光圈：F5.6　　快门：1/25s
焦距：131mm　ISO 感光度：100

拍摄人像时，可以选择较"肉"的镜头，以使人物皮肤得到细腻的还原。

光圈：F16.0　快门：1/160s　焦距：16mm
ISO 感光度：200　曝光补偿：+0.6EV

拍摄风光画面时，多使用较锐利的镜头，可以使图像边缘比较清晰，展现景物细节。

"牛头"和"狗头"分别是指什么？

"牛头"和"狗头"是影友们对镜头素质的分类。"牛头"就是高端镜头，是指光圈较大或者恒定，成像画质较高，镜片组有较高品质的镜头，也就是成像优异的专业头，售价较高，一般情况下，佳能的红圈镜头和尼康的大部分金圈镜头都可以称为"牛头"。"狗头"是指配置较低端的镜头，成像质量较差，这种镜头一般配置在中低端套机中，经济实用，售价比较低。

佳能红圈头和尼康的金圈头都是典型的"牛头"，成像画质高，售价也较高。

"狗头"多为套头，成像质量较差，一般用于中低端机型中，售价较低。

什么是非球面镜片？

正常的球面镜片，光线通过透镜时，透镜中间位置附近透过的光线会准确地汇聚到焦点的位置，但是通过透镜边缘部位的光线折射率会有一些误差，这样光线的汇聚就会造成涣散，使最终拍摄的照片模糊，球面镜片因为镜面曲线形状单一，多少都会产生一些像差和色差。如果换成非球面镜片，则光线经过高次曲面的折射，可以改善镜片边缘部分对光的折射率，让近轴光线与远轴光线所形成的焦点位置重合，尽量把光线精确地聚焦于一点，使镜头的成像锐度提高。非球面镜头的有效通光口径增大，能够让更多的光线投射到CCD感光面上，也相当于增加了灵敏度。非球面镜片一般用来解决广角和变焦镜头中的眩光和边缘变形等问题，在长焦镜头中也能提高光学素质。

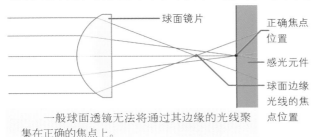

一般球面透镜无法将通过其边缘的光线聚集在正确的焦点上。

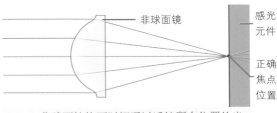

非球面镜片可以把通过透镜所有位置的光线聚集于正确的焦点上。

镜头色差是什么意思？什么是低色散镜片？

镜头色差也称为色散现象，由于自然界中的光线都是复合型光线，红、橙、黄、绿、青、蓝、紫等可见光波长不同，经过光学镜片的折射率也不尽相同，因此通过镜头后，各种光的焦点并不能准确地落在一处，无法汇聚在一个平面，这就使得最后形成的影像变得模糊，也就是所谓的色差。一般的镜片在光线进入相机在感光元件上成像时会发生色散，影像锐利度及色彩鲜明度大大受影响，拍摄的景物变得模糊，影响画面质量。低色散镜片可以尽可能地避免这种情况发生，它将不同波长的光线透过低色散镜片时的折射率变得比较接近，折射后的光线范围比较小，因此各种光线的焦点也就更为接近，可以得到更清晰的图像。

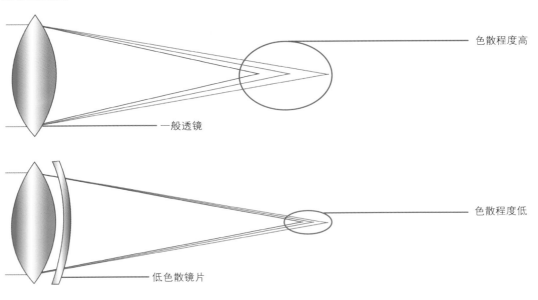

色散程度高
一般透镜
色散程度低
低色散镜片

什么是萤石镜片？

萤石是在高温时能够散发光芒的神奇石头，由于它拥有萤火虫一样的美丽色彩，因此被命名为"萤石"。萤石是由氟化钙结晶形成的，它最明显的特征是折射率和色散极低，对红外线、紫外线的透过率好，它还具有一般光学玻璃无法实现的鲜艳、细腻的描写性能。因为光线通过一般透镜产生的焦点偏离会出现颜色发散，使拍摄图像的锐度下降，我们称为色差。萤石镜片因为光的色散极少，几乎没有色差，所以最适用于摄影用的镜头。由于普通的光学镜片难以补偿画面弯曲像差，因此无法缩短长焦点远摄镜头的长度，而采用低折射性的萤石镜片后，即可在保持高画质的情况下，大幅度缩短远摄镜头的长度。

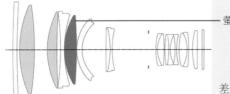

萤石镜片

佳能EF 300mm f/2.8L IS USM镜头加入了一片萤石镜片，在对色差进行完美补偿的同时，还大幅缩短了镜头的全长。

111 佳能镜头标识的意义是什么？

下面以EF 400mm f/2.8L IS II USM这只镜头为例，介绍佳能镜头标识的含义。

EF：Electronic Focus（电子对焦），佳能EOS相机的卡口名称，也是佳能原厂镜头的系列名称，其能够应用在全画幅和APS画幅的佳能单反相机上。

400mm：镜头焦距为定焦400mm，若是变焦镜头，则为一个焦距的范围，如70-200mm。

f/2.8L：镜头最大光圈为2.8，L为Luxury的简写，意为奢华、豪华，红圈镜头多有这个标志；有的镜头f后为一个范围，如f3.5-5.6，表示变焦镜头在不同焦距时的最大光圈是可变的、非恒定的，为F3.5～F5.6这一范围内。

IS：镜头内采用了防抖装置。

II：该镜头为2代镜头。

USM：镜头内置超声波马达，对焦更加迅速。

数码单反相机的镜头一般都以数字与英文结合的方式进行型号和性能标识，除以上介绍的镜头标识含义之外，还有许多其他的镜头标识，摄影用户应理解英文标识的含义。佳能镜头标识的详细速查表如下表所示。

序号	镜头标识	描　述
1	AFD	Arc-Form Drive（弧形马达），早期的EF镜头都搭载AFD马达，对焦速度不如USM马达，对焦声音也比后者大
2	AL	Aspherical（非球面镜片），其作用是减少镜片的数量，在降低重量和减小体积的同时，能提供更好的光学性能。非球面镜片一般用来解决广角和变焦镜头中的眩光和边缘变形等问题，另外在长焦镜头中也能提高光学素质
3	DO	Multi-Layer Diffractive Optical Element（多层衍射光学镜片），佳能于2000年首次将它应用到镜头上，它同时具有萤石和非球面镜片的特性，能有效抑制色散和校正球面以及其他像差，目前主要用在长焦镜头领域，共有3只镜头：EF 400mm F4 DO IS USM、EF 70-300mm F4.5-5.6 DO IS USM和EF 800mm F5.6 DO IS USM
4	EF	Electronic Focus（电子对焦），佳能EOS相机的卡口名称，也是佳能原厂镜头的系列名称，能够应用在全画幅和APS画幅的佳能单反相机上
5	EF-S	APS-C画幅数码单反相机专用电子卡口。这是佳能专门为其APS-C画幅数码单反相机设计的电子镜头，它只能应用在APS-C画幅的佳能 DSLR上，其显著特点是在接口处有一个白色方形用于对准机身卡位
6	EMD	Electronic-Magnetic Diaphragm（电磁光圈），所有EF镜头的电磁驱动光圈控制元件，是变形步进马达和光圈叶片的一体化组件，用数字信号控制，灵敏度和精确度都很高
7	Float	浮动功能，英文全称Floating System。这是佳能的一种镜头设计方法，在近距离拍摄时，采取浮动设计的镜头会对近距离的像差进行补偿，以获得更优良的像质
8	FL	Fluorite（萤石），一种氟化钙晶体，具有极低的色散，其控制色差的能力比UD超低色散镜片还要好
9	FP	Focus Preset（焦点预置），此功能可以让镜头记忆一定的对焦距离，设置距离后，镜头便能自动回复到所设置的对焦距离，此对焦回复功能甚至在手动对焦模式下也有效

（续）

序号	镜头标识	描 述
10	FTM	Full-time Manual Focusing（全时手动对焦）。拥有全时手动的佳能镜头，可以在AF（自动对焦）状态下，再手动调整镜头焦点
11	IS	Image Stabilizer（影像稳定器），即镜头防抖系统。佳能第一只防抖镜头是1995年发布的EF 75-300mm F4-5.6 IS USM，这也是世界上首款防抖镜头
12	L	Luxury（豪华），佳能高档专业镜头的标志，也是众多摄影爱好者为它不惜倾家荡产的镜头，其标志为镜头前端的红色标线
13	MM	Micro-Motor（微型马达），这是传统的带传动轴的马达，比较费电，不支持全时手动对焦，多用于廉价的低档次镜头
14	SF	Soft Focus（柔焦）
15	S-UD	Super Ultra-low Dispersion（高性能超低色散镜片），光学性能接近萤石镜片，一片S-UD镜片的作用与一片萤石镜片的作用相当
16	T-E	Tilt Shift Lens（移轴镜头），主要用在建筑、风景和商业摄影领域
17	UD	Ultra-low Dispersion（超低色散镜片），两片UD一起用与用一片萤石镜片的效果相近
18	USM	Ultra Sonic Motor（超声波马达），它分为环形超声波马达（Ring-USM）和微型超声波马达（Micro-USM）两种。目前USM超声波马达在佳能的镜头上得到了广泛的应用，即使是最低端的业余镜头
19	SWC	亚波长结构镀膜。这是一种采用不同于普通蒸气镀膜原理以防止光线反射的全新镀膜技术，其对镜头（特别是广角镜头）在抑制鬼影和眩光方面有着非常重要的价值

112 尼康镜头标识的意义是什么？

下面以AF-S DX NIKKOR 18-200mm f/3.5-5.6G ED VR II镜头为例，介绍尼康镜头标识的含义。

AF：Auto Focus，自动对焦，标识能够实现自动对焦功能。

AF-S：S是SWM的简写形式，表示镜头内置宁静波动马达。有此标识的镜头对焦速度更快，更安静。

NIKKOR：NIKKOR是尼康公司的镜头品牌名称，来自于日本光学工业株式会社，简称"日光"（Nikko），首款产品是1933年的航空照相用镜头Aero-Nikkor。

18-200mm：镜头焦距范围。

f/3.5-5.6：该款镜头的最大光圈，范围是F3.5～F5.6，即不是恒定的，在18mm广角端的最大光圈为F3.5，在200mm望远端的最大光圈为F5.6；部分镜头的最大光圈为一个定值，如f/4，则表示镜头的最大光圈是恒定的，无论是在广角端还是望远端，最大光圈都为F4。

G：镜头为无光圈环设计，光圈调整必须通过机身来完成。

ED：Extra-low Dispersion，超低色散镜片。

VR II：Vibration Reduction，电子减震系统，主要功能是防抖，大约可以降低3～4挡快门速度，即快门速度慢3～4挡后仍然能够保持非常稳定的状态。其后的II表示第2代产品。

尼康镜头还有许多更为复杂的标识，详细注释可参见下表。

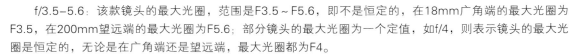

序号	镜头标识	描 述
1	AI	Automatic Indexing（自动最大光圈传递技术），尼康手动镜头，发布于1977年，识别它的方法是最小光圈数字采用绿色数字
2	AI-S	Automatic Indexing Shutter（自动快门指数传递技术），尼康手动镜头，发布于1981年，光圈环上最小光圈数字采用橙色数字

（续）

序号	镜头标识	描述
3	AF-I	内置马达及内含CPU接点的镜头，尼康称为"I"设计，1992年推出，主要用在专业长焦镜头上。AF-S推出后，AF-I即退出历史舞台
4	AF-S	S即代表Silent Wave MOTOr（静音马达），等同于佳能的超声波马达，可高精确和宁静地快速聚焦。不过，尼康目前的AF-S镜头数量远远不及佳能，总数只有20余款
5	ASP	Aspherical（非球面镜片）
6	CRC	Close Range Correction（近距矫正系统）
7	D	Distance（焦点距离数据传递技术）。D型镜头与非D型镜头的最大区别在于D型镜头支持3D矩阵测光
8	DC	Defocus-image Control（散焦影像控制），尼康公司独创的镜头，可提供与众不同的散焦影像控制功能，其最大特点在于允许对特定被摄体的背景或前景进行模糊控制，以便求得最佳的焦外成像
9	DX	DX系列镜头是尼康专门为APS-C画幅的数码单反相机设计的镜头，不可以使用在全画幅机型上
10	ED	Extra-low Dispersion（超低色散镜片）
11	G	G型镜头与D型镜头的最大不同是G型镜头无光圈环设计，现在尼康有将G型镜头推广的趋势
12	IF	Internal Focusing（内对焦技术）
13	M/A	Manual/Auto Focusing（手动/自动调焦切换）
14	Micro	微距镜头
15	N	New（新型），尼康一些改进型镜头的标志，如三代"小钢炮"AF 80-200mm F2.8D ED NEW
16	NIC	Nikon Integrated Coating（尼康集成镀膜）
17	IF	Inter Focus（内对焦）
18	P	P型镜头，带有AF型镜头的CPU和电子触点的手动聚焦镜头。目前尼康只有3只P型镜头：500mm F4P IF-ED、1200-1700mm F5.6-8P IF-ED和45mm F2.8P
19	PC-Shift	移轴镜头
20	RF	Rear Focusing（后组对焦技术）
21	S	Slim（轻薄），尼康一些薄型镜头的标志，如AIS 50/1.8S
22	SIC	Super Intergrated Coating（超级复合镀膜）
23	TC	Teleconvertor（增距镜）
24	VR	Vibration Reduction（电子减震系统），与佳能的IS镜头防抖系统类似，目前已发展到第二代，大约可以降低3～4挡快门速度

113 索尼镜头标识的意义是什么？

下面以索尼70-400mm f/4-5.6 G SSM镜头为例，介绍索尼镜头标识的含义。

70-400mm：镜头焦距范围。

f/4-5.6：该款镜头的最大光圈，范围是F4～F5.6，即不是恒定的。

G：与尼康没有光圈环的G系列镜头不同，美能达的G系列镜头是美能达的高档专业镜头，是一系列顶级做工、用料的总称，通常具备以下一些特征：恒定大光圈、AD镜

片、圆形光圈、非球面镜片、浮动对焦系统、高质量的镜身等。

　　SSM：Super-Sonic MOTOr（超声波马达），可以实现无声快速响应的自动对焦。

　　索尼镜头还有许多更为复杂的标识，详细注释可参见下表。

序号	镜头标识	描　述
1	AD	Anomalous Dispertion（异常色散），其用途是消除色散，和尼康ED类似
2	APO	Apochromatic采用复消色差设计和特殊低色散玻璃镜片，用于减少像差，从而提高长焦镜头像质，改善反差和提高清晰度
3	ASP	Aspherical（非球面镜片）
4	CIR	Circular圆形光圈平滑的背景虚化效果，使背景散焦得很自然
5	D	Distance带距离测量信息的镜头，可以实现闪光控制
6	DT	Digital Technology（数码技术），是专为APS-C画幅数码单反相机设计的数码专用镜头，目前的几只DT镜头均由腾龙代工
7	G	与尼康没有光圈环的G系列镜头不同，美能达的G系列镜头是美能达的高档专业镜头，是一系列顶级做工、用料的总称，通常具备以下一些特征：恒定大光圈、AD镜片、圆形光圈、非球面镜片、浮动对焦系统、高质量的镜身等
8	NEW	新款镜头
9	SAL	Sony Alpha Lens，索尼并购柯尼卡美能达的相机业务后推出的镜头，基本上是美能达镜头换个名称而已
10	SF	Soft Focus（柔焦镜头）
11	TC	增距镜
12	STF	Smooth Transformer Focus（影像平滑过渡），代表镜头是美能达135STF。通过一片安装在光圈附近位置上的称做Apodization Filter（谱迹滤镜）的光学元件，使得镜头中心部分的通光量较多，而越趋向周边时通光量越少。为此，在焦外成像部分形成轮廓渐淡，是比较理想的柔软虚像
13	SSM	Super-Sonic MOTOr（超声波马达），可以实现无声快速响应的自动对焦
14	UC	Ultra Coating（镀膜拜工艺），柯尼卡镜头的镀膜技术
15	Planar	采用Planar（普兰那）结构设计的卡尔·蔡司镜头
16	Sonnar	采用Sonnar（松纳）结构设计的卡尔·蔡司镜头
17	T*	卡尔·蔡司的多层镀膜技术，也是目前世界上最先进的镀膜技术
18	VS	Vari Soft（可变柔焦），美能达的柔焦镜头
19	VFC	Vari-Field Control（可变场曲镜头），可以改变像场弯曲的镜头
20	Vario	变焦镜头，属于卡尔·蔡司镜头的标识
21	ZA	卡尔·蔡司专为索尼设计的镜头，采用索尼α卡口，属于自动对焦镜头

114 什么是镜头有效口径？

镜头口径是指镜头前圈的直径，它直接对应着可用滤镜的大小，如58mm、72mm等。镜头的有效口径也叫有效孔径，是镜头的最大进光孔，镜头口径用镜头最大孔径值与镜头焦距的比值表示，例如，若一只镜头最大进光孔径为35mm，镜头焦距为50mm，则该镜头的有效口径为1:1.4，镜头上会标明f/1.4。有效口径是决定外界进入镜头光量的参数。使用大孔径的镜头可以提高快门速度，不仅方便拍摄动态图像，也适合在比较暗的光线下使用。

什么是恒定光圈？什么是非恒定光圈？

恒定光圈是指变焦镜头在所有焦距段都能使用其标称的最大光圈。比如镜头标明f/2.8就是恒定光圈镜头，指该镜头在其所有的焦距段都可以使用最大F2.8的光圈值来拍摄。

非恒定光圈是指在变焦镜头中光圈随着焦距的变化而相应变化，例如一只镜头标识为f/3.5-4.5，则表示该镜头为非恒定光圈镜头，当焦距最短时，最大光圈可达到F3.5；当焦距最长时，则最大光圈可达到F4.5。

1:2.8表示恒定最大光圈为F2.8，1:3.5-5.6表示非恒定最大光圈为F3.5~F5.6。

最大光圈和最小光圈是什么意思？

光圈是一个用来控制光线透过镜头，在曝光期间起到控制到达机身内感光元件的光线数量的装置，它的作用在于决定镜头的进光量，光圈越大，进光量越多；反之，则越小。最大光圈是指镜头能透过光线的最大能力，根据镜头的不同，最大光圈值也不同，每只镜头都有标称的最大光圈值，如F1.2、F1.7、F2.8、F3.5、F5.6等。最小光圈指镜头光圈开到最小的程度，一般单反相机镜头的最小光圈可达到F32、F38等。

当光圈开至最大时，外界进入镜头的光量很足，镜头内的透镜边缘部分也会允许光线通过，但透镜上下两个端点的弧度比中间的弧度大，所以它们的汇聚性能就有差别，这会在汇聚的成像点周围有一些乱光干扰，使成像质量有一定的下降，造成最终拍摄的照片画质稍差。当光圈缩至最小时，孔径非常小，如果有光线透过，就会在孔后发生光线衍射的现象，这也会破坏入射光线的规律性，使成像画质下降。

尽管最大光圈可以得到更好的虚化效果，最小光圈可以获得更大的景深，但因为上述两个问题的存在，一般情况下，有经验的摄影师在拍摄时不会使用最大光圈与最小光圈。

最近对焦距离是指什么？

镜头的最近对焦距离是指在非常靠近被摄体拍摄的状态下，镜头能够合焦的最近距离。当对焦距离比最近对焦距离小时，镜头就不能合焦，也就是不能使从该距离入射的光线在焦平面汇聚。镜头不同，其最近对焦距离也不同，一般来说，焦距越长，其最近对焦距离也越长。但对于微距镜头这种有着特殊用途的镜头来说，最近对焦距离则不只是取决于镜头焦距。

光圈：F1.4　快门：1/2000s　焦距：50mm
ISO感光度：125　曝光补偿：+0.3EV

使用最近对焦距离较近的镜头，可靠近主体拍摄，突出主体。

118 镜头放大倍率是指什么？

放大倍率表示图像感应器上成像的被摄体与实际拍摄对象的比例，它与最近对焦距离有着密切联系，使用最近对焦距离拍摄时的放大倍率为最大。例如，镜头标示1:2则代表感光元件上的成像大小只有被摄实际对象大小的1/2，微距摄影时，所拍摄对象与所成像大小的比例接近1:1，即感光元件上的成像与实际对象大小几乎一致。

但如果是变焦镜头的话，最大放大倍率还与焦距有关，当变焦镜头处于远摄端时才能达到其最大放大倍率。例如，在一只70—200mm焦段的镜头中标示最大放大率为1/1.6，表示使用该镜头在200mm焦段能清晰成像的最近对焦距离拍摄时，成像与被摄物体实际的大小比值为1:1.6。

光圈：F4.0　　快门：1/800s
焦距：100mm　ISO 感光度：200

利用佳能EF 100mm f/2.8L IS USM微距镜头拍摄，该镜头标称放大倍率为1:1，则拍摄的图像与实际拍摄对象大小几乎一致。

119 镜头像差是什么意思？

像差是指由于镜头的原因导致的图像质量下降等一系列问题。镜头像差会导致拍摄的影像形状和实物状态并不相符。变焦镜头的典型像差是在广角端的桶形畸变导致直线条向外膨胀凸起以及在长焦端的枕形畸变会导致直线条向内弯曲。其他形式的像差还有像散和球面像差，像散导致偏离中心的光点所发出的光线不能汇聚到一个焦点，而是汇聚为一条直线；球面像差会使镜头边缘透过的光线在画面上产生眩光，导致画面不够清晰，反差降低。

光圈：F8.0
快门：1/125s
焦距：12mm
ISO 感光度：200
曝光补偿：+0.5EV

利用超广角镜头的广角端拍摄的画面，四周有明显的畸变。

120 遮光罩有什么作用？

遮光罩是套在相机镜头前起保护镜头、防止光线干扰等作用的器件，它可以遮挡住可造成眩光和降低图片反差的那些直射镜头的光线，提高成像质量。在逆光、侧光或闪光灯摄影时，遮光罩能防止非成像光进入镜头，防止产生雾霭；在顺光和侧光摄影时，可以避免周围的散射光进入镜头；在灯光摄影或夜间摄影时，可以避免周围的干扰光进入镜头。另外，遮光罩还可以一定程度上防止意外损伤镜头。

光圈：F8.0
快门：1/640s
焦距：14mm
ISO 感光度：100

使用遮光罩可以有效避免拍摄时太阳光进入镜头产生的眩光现象。

121 常见的遮光罩有哪些类型？

常见的遮光罩分为圆筒形和花瓣形两种。长焦镜头的视角较小，遮光罩长度一般较长，以圆筒形居多。广角镜头配的遮光罩一般为花瓣形，这样既可以避免在短焦端成像的四周出现黑角，又顾及在较长焦端有足够的遮光能力。

常见的遮光罩类型有圆筒形遮光罩及花瓣形遮光罩。圆筒形遮光罩多用于长焦镜头，花瓣形遮光罩多用于广角镜头。

122 镜头卡口是什么意思?

镜头卡口是单反相机机身和镜头间的接口，如佳能的EF/EF-S卡口，尼康的F卡口、索尼的α卡口等。机身卡口和镜头卡口相匹配，同一品牌或副厂的镜头可以通用，但不同品牌的镜头是不能通用的。需要注意的是，佳能的EF卡口和EF-S卡口也不能通用，EF卡口的镜头可以用在佳能所有的数码单反相机上，但EF-S卡口的镜头则不能适用于所有的单反相机。

佳能EF卡口

尼康F卡口

123 转接环的作用是什么?

由于各厂家镜头的接口尺寸不同，要在同一个机身上使用各种镜头或是附件，就可以使用转接环来进行连接，如43mm转55mm的转接环。在拍摄时，如果希望加用各类滤镜以保护镜头或为照片增加艺术效果，或加用附加镜头以延长焦距和增加广角度，转接环也可以起到很大的作用。

EOS/NIK-NT转接环，可将尼康镜头接在佳能机身上使用，扩大了尼康镜头接佳能机身的适用性。

124 倍增镜的作用是什么?

倍增镜又称增距镜，它是一类比较特殊的光学器件，由多片光学镜片组成，其作用是增长原有镜头的焦距。不同倍率的倍增镜可以将原镜头的焦距扩展至不同的范围。如一只2倍的倍增镜可将50mm焦距的标准镜头变成100mm焦距的中焦镜头。常见的倍增镜放大倍率有1.4倍、2.0倍等。

倍增镜并不能解决一切问题，原本精密的光学仪器加入了其他调节因素，效果自然会改变。使用倍增镜后，画质会变差，色彩饱和度和锐度等都要有所下降；另外，使用倍增镜后，镜头原本的最大光圈会缩小一级，例如，F2.8的最大光圈镜头在加装倍增镜后，最大光圈会变为F4.0。

2×表示2倍的倍增镜。

光圈：F4.5　快门：1/125s　焦距：120mm
ISO 感光度：100　曝光补偿：-0.3EV

光圈：F6.3　快门：1/200s　焦距：320mm
ISO 感光度：100　曝光补偿：-0.3EV

使用70～200mm焦距的镜头拍摄水牛，使用2倍倍增镜后，可以将焦距望远端扩展为400mm，能够拍摄到非常清晰的画面。

125 近摄镜的作用是什么？

近摄镜是一种类似于滤光镜的近摄附件，它是一种简易式的微距拍摄工具。我们用近摄镜单独观察景物可以发现，近摄镜如同一只放大镜，它的正面凸起，用于将影像放大，而背面却微微凹进，以便一定程度地减少像场弯曲。通常近摄镜按屈光度标定，如+1、+2、+3等。屈光度越大，放大倍率就越高，所拍物体成像就越大。使用近摄镜可使镜头在比通常近得多的物体上聚焦，产生特写影像，拍摄花卉、昆虫等使用较多。

近摄镜片可以缩短最近对焦距离。对于长焦镜头来说，对焦距离都比较长，而使用近摄镜能把佳能"小白"的最近对焦距离1.5米缩短到几十厘米，等于大大提高了镜头的放大率，放大率1:1.4接近微距镜头的1:1。当然，对于70mm以下的镜头来说，因为最近对焦距离本身就很短，可能使用两片近摄镜才能看出更加放大的效果。

近摄镜

光圈：F8.0　快门：1/1500s　焦距：400mm
ISO 感光度：400　曝光补偿：−0.5EV

使用近摄镜拍摄的花蕊微距照片，提高了镜头的放大率，实物与拍摄画面接近1:1的比例。

126 什么是定焦镜头，有何特点？

定焦镜头是指焦距固定的镜头，镜头不可伸缩。使用时，当确定了拍摄距离，拍摄的视角就固定了，要改变视角画面，就需要拍摄者移动位置，这也是定焦镜头最为明显的劣势。但是，定焦头有很多优点。其一，一般来说，定焦镜头都比变焦镜头的成像质量好，这是镜头的设计所决定的，变焦镜头由于要考虑所有焦段都要有相对好的成像，因此就要牺牲局部的利益让整体有一个相对好的表现。所以定焦头在光学品质方面与变焦头相比还是有其无法比拟的优势，特别是在同样的焦距和拍摄条件下更为明显。其二，定焦头一般都拥有更大的光圈，在弱光拍摄环境下尤为有用，并且能够获得更浅的景深效果。其三，定焦镜头一般都比涵盖相应焦段的变焦镜头体积要小，重量要轻，更便于携带。其四，使用定焦头可以锻炼我们的镜头感，让我们对镜头运用自如。

佳能50mm定焦镜头，镜头上只标识一个焦距数值，代表此镜头为定焦，无法进行变焦操作。

光圈：F2.8　快门：1/250s　焦距：200mm
ISO 感光度：500　曝光补偿：−0.3EV

利用200mm定焦镜头拍摄的人像照片，光圈较大，画质细腻出众。

127 什么是变焦镜头，有何特点？

与定焦镜头相对的是变焦镜头，变焦镜头可以通过调节焦距来调整被拍摄景物的画面视角，不用拍摄者移动位置，取景范围可以从广角到长焦任意调整，可以让我们的摄影作品有着多样性，使用时不用经常更换镜头即可拉远拉近，非常方便。现在变焦镜头的光学品质越来越高，而且可以选择的变焦镜头涵盖了从超广角镜头到超望远镜头的各种焦段。虽然变焦头与定焦镜头相比，所拍摄的画面质量会有一点欠缺，但随着技术的发展，当前许多变焦镜头的画质已经逐渐逼近了定焦镜头，可以拍摄出画质绝佳的摄影作品。

转动变焦镜头的变焦环，即可改变镜头焦距，拍摄出视角多样化的摄影作品。

光圈：F10.0
快门：1/200s
焦距：70mm
ISO 感光度：100

使用24-70mm镜头的70mm端拍摄的画面，视角小一些。

光圈：F10.0
快门：1/125s
焦距：24mm
ISO 感光度：100

使用24-70mm镜头24mm广角端拍摄的画面，视角更大。

什么是广角镜头，有何特点？

广角镜头一般是指焦段在50mm以下的镜头，最常见的焦段为21mm～35mm，而28mm是最常见的。超广角镜头的焦段一般为15mm～20mm。广角镜头的特点是：镜头的视角大，视野宽阔，比人眼见到的景物范围还要大得多；景深长，可以表现出相当大的清晰范围；适合拍摄较大场景的照片，能够强调画面的透视效果，善于夸张前景和表现景物的远近感，有利于增强画面的感染力，不过画面四周会出现明显的形状畸变。正是由于广角镜头的这些特性，因此满足了旅行摄影师和建筑摄影师的需求。

广角镜头使用最多的场景为拍摄大视角的风光作品。

光圈：F22.0　快门：1/15s
焦距：35mm　ISO 感光度：200

　　使用广角镜头拍摄风光作品时，画面中能够容纳更多的景物，但要注意控制画面四角的形状畸变和镜头晕影。

什么是标准镜头，有何特点？

标准镜头是指拍摄视野与人用一只眼睛所看到的视野范围相近的镜头。通常情况下，全画幅机型的标准镜头焦距为50mm左右，APS画幅镜头的实际标准焦距为40～45mm。标准镜头和人眼的视角差不多，透视效果自然，拍摄的画面会有一种平淡的亲切感，所以标准镜头给人比较纪实性的画面效果，它适合拍摄一些普通的风景照、人物照以及平时生活中的抓拍或比较写实的场景，所以比较难拍出生动活泼的照片。标准镜头成像质量上佳，对于细节的表现也比较良好，并且还具有对焦准确、快速的优点。

标准定焦镜头的画质极佳，常用于拍摄人像等对画质要求很高的题材。

光圈：F11.0　　快门：1/250s
焦距：55mm　　ISO 感光度：200
曝光补偿：+0.5EV

　　利用标准镜头拍摄的风光画面，与人眼的视觉效果相似。

130 什么是长焦镜头，有何特点？

对于全画幅数码单反相机来说，长焦镜头通常是指焦距约为80～400mm的镜头。80mm～300mm焦距的摄影镜头为普通远摄镜头，300mm以上焦距的镜头为超远摄镜头。一般来说，长焦镜头视角在20°以内，焦距长，视角小，在同样的距离上能拍出比标准镜头更大的影像。

长焦镜头的特点是：镜头视角小，因此视野范围相对狭窄；能把远处的景物拉近，使其充满画面，具有"望远"的功能，从而使景物的远近感消失；缩短了景深，把被摄体聚焦点前后的清晰范围限制在一定尺度内，可以更加有效地虚化背景，突出对焦主体；长焦镜头因为镜筒比较长，所以重量重，价格也相对昂贵；由于景深比较小，实际使用中比较难以对准焦距，适合专业摄影师使用。

长焦镜头体积较大，重量较重，常用于拍摄远处的景物，在体育比赛时使用较多。

光圈：F9.0　快门：1/125s　焦距：180mm　ISO感光度：400

使用长焦镜头拍摄风光画面，也是许多摄影师非常偏爱的方式。

131 什么是微距镜头，有何特点？

微距镜头是一种用作微距摄影的特殊镜头，是指无需安装近摄镜、近摄接圈等近摄附件即可用来进行微距或近距摄影的专用摄影镜头。微距镜头主要用于拍摄微观世界的物体，如花卉、昆虫等。这种镜头的最近对焦距离一般非常短，分辨率相当高，畸变像差极小，且反差较高，色彩还原佳，并且所拍摄画面的放大倍率可达到1:1，即拍摄画面中的对象与其实际大小一致。微距镜头特点有：最小光圈值较小，通常可以缩至F38、F45等，因为拍摄距离很近时，比较容易造成对焦点前后景物虚化的效果，如果要将对焦点前后都拍摄清楚，就要使用非常小的光圈；对焦速度很慢，由于微距镜头从最近到最远的对焦过程比较长，因此对焦速度非常慢，即使使用超声波马达对焦，其对焦速度也比一般镜头要慢。

微距镜头常用来表现花卉、昆虫等微观世界的物体。

光圈：F2.8　快门：1/250s
焦距：200mm　ISO感光度：200

使用微距镜头拍摄微观世界的花蕊，可以将微小的被摄对象拍得很大，表现出一般镜头无法呈现的视觉效果。

132 什么是鱼眼镜头，有何特点？

为使镜头达到最大的摄影视角，这种摄影镜头的前镜片直径呈抛物状向镜头前部凸出，与鱼的眼睛相似，因此称为鱼眼镜头。鱼眼镜头属于超广角镜头中的一种特殊镜头，它的视角力求达到或超出人眼所能看到的范围。鱼眼镜头的焦距极短，其视角接近或等于180°。焦距为16mm或更短的镜头通常认为是鱼眼镜头，因为焦距短，被摄景物会产生严重畸变，而摄影者正是利用鱼眼镜头的这种特征来拍摄特效场面。

使用鱼眼镜头拍摄时，若水平线的位置是在镜头中心点的下方，那么拍出来的水平线会向上弯曲；相对的，若水平线的位置是在镜头中心点的上方，则拍出来的水平线就会变成向下弯曲，所以使用鱼眼镜头拍出来的图像，在视觉上会产生极大的震撼力。

由于鱼眼镜头视角太广，因此画面中若有极端的明暗反差时，就要慎选测光位置，最好能选择中间亮度的位置来做测光依据，再适时调整曝光补偿或包围曝光，以免产生曝光上的错误。

鱼眼镜头的规格、外观与众不同。在规格方面，它具有极短的焦距，如6mm、8mm等，可取得超过180°的辽阔视角；而在外观上，它最前端的镜片具有极度弯曲的弧度，使得用鱼眼镜头所拍摄的图像会有歪曲变形的特点。

光圈：F4.5　快门：1/400s　焦距：15mm　ISO感光度：200　曝光补偿：–0.7EV

利用鱼眼镜头的超大视角拍摄城市景观。

133 什么是反射式镜头，有何特点？

反射式镜头实际上是一种望远镜头，它的结构较简单，主要是利用镜头内的曲面镜来反射光线，进而产生图像，因此减少了镜片的数量，缩短了镜头的长度；不过因为多了曲面镜的设计，所以镜头口径比较大，而镜头中心轴的位置也会有一个不透光的区域（作为反射用途）。反射式镜头筒很短，可以实现很长的焦距，重量也较轻，显得灵活、方便，在出外旅行，想轻装上阵而又需要一只望远能力很强的镜头时，反射式镜头是很理想的选择。

反射式镜头的主要缺点是通常只有一挡光圈，也就是说，反射头的孔径是固定的、不可调的，通常大约为F8或F11，因而对景深的控制不便，虽然可以改变快门速度调整曝光量，但是无法通过改变光圈来控制景深，也不能用于快门优先的自动曝光。

反射式镜头筒很短，中心轴的位置有一个不透光的区域。

光圈：F8.0
快门：1/250s
焦距：200mm
ISO 感光度：200

反射式镜头是一款能够获得超远射功能的低价镜头，这种镜头拍摄的画面中，焦外会有一些环形的亮斑。

134 什么是移轴镜头，有何特点？

移轴摄影镜头是一种能达到调整所拍照片透视关系或全区域性聚焦目的的摄影镜头。移轴摄影镜头有两个作用：一是纠正被摄物的透视变形；二是实现被摄体的全区域聚焦，使画面中近处和远处的被摄体都能结成清晰的影像。在拍摄建筑物时经常可以发现，画面中整个楼房像被压缩了，楼顶处也向一起汇聚，仿佛要倾倒的感觉。如果使用移轴镜头，则可以依靠镜头的透视调整功能纠正这种线条汇聚现象。

移轴镜头的前端如鱼眼镜头一般，最前端的镜片也是向外凸起。

光圈：F8.0
快门：1/8s
焦距：17mm
ISO 感光度：100

利用佳能移轴镜头TS-E 17mm f/4L拍摄的建筑，依靠镜头的透视调整功能纠正了建筑物的线条汇聚现象。

什么是"大三元"?

"大三元"是对3只恒定F2.8光圈的变焦镜头的总称,这3只镜头加起来可以覆盖从超广角到长焦的常用焦段。其实每个镜头厂家都有自己的"大三元"镜头,而且一般都是高端产品。在佳能镜头中,这3只镜头分别为超广角镜头EF 16-35mm F2.8L II USM、标准变焦镜头EF 24-70mm F2.8L USM和长焦镜头EF 70-200mm F2.8L IS II USM;在尼康镜头中,这3只镜头分别为超广角镜头AF-S NIKKOR 14-24mm f/2.8 G ED、标准变焦镜头AF-S NIKKOR 24-70mm f/2.8 G ED和长焦镜头AF-S VR-NIKKOR 70-200mm f/2.8 G IF-ED。

佳能的"大三元"镜头,涵盖了从超广角到长焦的常用焦段。

副厂镜头主要有哪些品牌?

选购镜头时,除佳能、尼康等原厂镜头外,副厂镜头也是不错的选择。副厂镜头品牌主要有适马、腾龙、图丽等,副厂镜头的价格一般较原厂镜头便宜,品质也较好,性价比较高,受到摄影者的青睐。卡尔·蔡司镜头也属于副厂镜头,但其价格昂贵,比原厂镜头价格还要高。

适马镜头

腾龙镜头

137 原厂镜头与副厂镜头有哪些区别？

佳能和尼康等厂商拥有丰富的相机生产经验，有着自家庞大的单反镜头群，定焦、变焦、广角、长焦都非常全面，而且其中具备了相当多成像素质极高的镜头。原厂镜头具有很多优势，它们具有更好的兼容性，和自家的单反机身可以最大限度地匹配，使机身和镜头最大限度地发挥性能优势；原厂镜头拥有很多成熟的技术支持，诸如超声波对焦、各种特殊镜片等，集中了不少成像素质高的专业级镜头，对焦速度和准确率相对较高，普遍做工扎实，耐用性比较好；原厂镜头（中高端产品）拥有相对较好的结构设计和机械性能，更为耐用，操作手感也相对比较舒适。

副厂镜头相对原厂镜头来说价格便宜，性能一般。其实很多副厂镜头的光学表现相当不错，绝对可以和原厂镜头媲美，只要使用得当，小心维护，还是可以使用相当长时间的，而且副厂生产规模庞大，适马、腾龙、图丽三大副厂镜头厂商旗下的镜头总数是非常惊人的，选择的余地更大。副厂镜头的一些焦段比原厂镜头更加实用，而原厂并没有类似产品。价格一直是副厂产品长期以来的最大优势，一些同样参数配置的镜头，售价往往只有原厂镜头的一半甚至更低，虽然和原厂镜头同样的参数并不等于可以得到同样的效果，但低廉的价格往往是影友们选择的原因。当然，一些副厂镜头仅以价格取胜，而品质却让人难以恭维，因此购买时应仔细鉴别。

5 摄影技术知识

对焦原理是怎样的？

相机镜头的结构十分复杂，但无论多么复杂，实际上都可以将其视为一片凸透镜，而单反相机对焦的原理也类似于透镜成像。被摄对象发出的光线通过凸透镜后都会被折射，而交汇于凸透镜另一侧的一点，这个汇聚点即为焦点。通常将能够清晰成像位置上所有点组成的平面叫做焦平面，对于那些处在焦平面上的物体，相机都能清晰地拍摄下来，而离焦平面前后越远，图像就越模糊。调整相机使被摄体成清晰的像的过程，就是对焦过程。

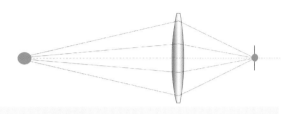

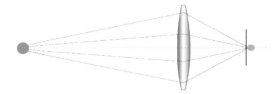

透镜右侧的对焦点位于感光元件所在的平面上，这时成像非常清晰。

透镜右侧的对焦点偏离了感光元件所在的平面，这时成像比较模糊。

手动对焦有何作用？

手动对焦是一种通过手动转动对焦环来调节相机镜头，从而使拍摄出来的照片清晰的对焦方式，这种方式很大程度上依赖人眼对对焦屏上的影像清晰度的判别以及拍摄者的熟练程度甚至拍摄者的视力。手动对焦模式使用起来虽然不如自动对焦模式那样方便快捷，但手动对焦模式却是一种不受自动化制约的、能充分体现摄影者主观意识的对焦模式，更适合于特殊的创作。在光线十分不足的情况下，自动对焦不容易使用时，可以选择手动对焦，因为手动对焦不受光线条件的制约。

另外，遇到一些特殊的场景，如要拍摄树丛、铁丝网等杂乱前景后的景物时，会发现自动对焦总是会将对焦点对在前景上，这样就无法使画面要表现的景物清晰地显示出来。那么这时就必须使用手动对焦的方式，手动将对焦点放在远处的景物上然后拍摄。

光圈：F5.6　　快门：1/500s
焦距：70mm　　ISO 感光度：200

由于作为主体的老虎在凌乱的前景之后，所以很难使用自动对焦模式捕捉到清晰的老虎图像，而这种情况下使用手动对焦拍摄就具有很大的优势。

自动对焦有哪3种模式？

自动对焦模式快捷、简单、易于操作，但有时会遇到这样的情况，要拍摄一只正在奔跑中的动物或正在飞翔的鸟儿，相机却无法实现合焦，这主要是因为没有选择针对性的自动对焦模式。针对静止、运动、动静之间这3种状态，当前数码单反相机提供了单次自动对焦、人工智能自动对焦和人工智能伺服自动对焦3种自动对焦模式。在不同场景下选择适合的对焦模式，可以使你对相机运用自如。

单次自动对焦模式如何应用？

单次自动对焦模式主要用于拍摄静止或者运动较慢的主体，如风景、人像等题材，适用于大部分的拍摄场合。单次自动对焦是数码单反摄影中最为常见的对焦模式，其焦点的选择更为随意，对视觉中心的掌控更轻松，熟练掌握其运用可以拍摄出精彩的照片。

单次自动对焦模式

光圈：F11.0　快门：1/320s　焦距：300mm　ISO 感光度：200　曝光补偿：−0.3EV

使用单次自动对焦模式多用于拍摄静态的风光画面。

142 人工智能自动对焦模式如何应用？

人工智能自动对焦是全自动模式，选择这种模式时，如果拍摄的主体由静止开始运动，则它自动将单次自动对焦模式切换为人工智能伺服自动对焦模式，模式间根据实际情况相互转换。在这种模式下，拍摄者不必再手动切换自动对焦模式的类型，更为方便。所以对于新手而言，这种模式更为简单。

人工智能自动对焦模式

光圈：F10.0　　快门：1/1250s
焦距：200mm　ISO 感光度：200

使用人工智能自动对焦模式适合拍摄主体由静止转为运动的瞬间画面。半按快门对焦后，对焦模式即转为人工智能伺服自动对焦模式。

143 人工智能伺服自动对焦模式如何应用？

人工智能伺服自动对焦方式适合拍摄对焦距离不断变化的运动主体，运动的主体对象可能在镜头前有上下左右的移动，也可能有距离远近的变化，这时只要保持半按快门对焦状态，并跟踪好运动的主体，相机就会对主体持续对焦，因此，在拍摄运动物体时最好选用这种模式。

光圈：F5.6
快门：1/4000s
焦距：180mm
ISO 感光度：200

对画面中飞翔的天鹅对焦，可以直接使用人工智能伺服自动对焦模式，这样可以保证对焦点对天鹅随时处于对焦清晰状态，摄影者也可以随时完全按下快门完成拍摄。

人工智能伺服自动对焦模式

144 合焦是什么意思？如何操作？

在拍摄照片时，被摄物体呈现清晰的图像，叫做合焦。

在拍摄照片时，只要不是特殊需要，准确的合焦是一张作品的前提。在拍摄时，将对焦点对准被摄主体后半按快门，当对焦点的红色指示灯亮了后表示对焦准确，即合焦。完全按下快门按钮后，拍摄完成，即可得到对焦点准确的照片。

| 光圈：F5.6 | 快门：1/500s |
| 焦距：75mm | ISO 感光度：100 |

以人物的眼睛为对焦点进行拍摄，焦点准确。

145 跑焦是什么意思？怎样造成的？

跑焦是指相机对焦完成后在拍摄的一瞬间，光线发生变化，或者在快门尚未开启的一段时间内相机又发生了一次很小的对焦动作，使焦点发生了偏移，这是相机和镜头芯片交换信息时发生的一种不良现象。此类现象出现的几率非常小，多出现在低端机型或劣质镜头上。

| 光圈：F3.2 | 快门：1/50s |
| 焦距：63mm | ISO 感光度：1000 |

原定的对焦点在鞋面商标的"北"字上，但因为跑焦，实际焦点要偏前侧一点。

146 对焦点的多与少有什么区别？

对焦点的数目多少对摄影没有很大的影响，但对焦点越多，拍摄时越容易进行对焦。不同品牌不同型号的相机设定的对焦点数量各不相同，常见的有9点、11点、39点、51点等。众多的对焦点中，画面中心的对焦点精度最高。

过去传统相机大多只有一个对焦点，如果主体不位于画面中间，则需要对焦完成后再锁定对焦重新构图，不是很方便，而当前相机有许多对焦点，拍摄者可以使用主体就近的对焦点进行构图拍摄。拍摄运动主体的题材时，如果只有中间一个对焦点对主体进行连续对焦，要完成拍摄就需要重新构图，这时对焦点就会离开主体，重新对其他景物对焦，如果锁定对焦，运动主体又会离开对焦平面；如果有多个对焦点可供选择，则可以选择合适的对焦点进行连续对焦，最后要完成拍摄时就不需要重新构图，对焦就不会离开主体，这样直接按下快门完成拍摄即可。

但要注意的是，不管是单点对焦还是多点对焦，都要注意对焦的准确性，确保表现主体的清晰度。

随着DSLR数码单反相机档次的升高，对焦点数量也逐渐变多，但无论是9点对焦、11点对焦还是51点对焦，画面中心的对焦点使用频率最高，对焦精度也最高。

光圈：F1.4　快门：1/160s　焦距：35mm　ISO感光度：500

对焦点较多时，适合拍摄这种主体处于运动状态的题材。

147 中央对焦点与其他对焦点的区别是什么？

中央对焦点相对于其他对焦点来说，对焦精度最高，而且因为中央对焦点处于取景框中央，因此方便操作。但要注意的是，在测光模式选择点测光时，如果相机具备点测联动功能，测光点和对焦点即为同一个点，在进行测光时所对准的点即是物体的对焦点，而在对焦时对准的点也为画面的测光点。如果相机不具备点测联动功能，只有中央对焦点具备测光功能，其他对焦点则不具备，如果要使用其他对焦点，则需要分别测光和对焦。

锁定对焦怎样操作？有什么用处？

在摄影时，经常遇到要对焦的主体不在画面中央的情况，这时可以通过提前改变对焦点位置来实现拍摄时的对焦。此外还有一种方法，那就是先对主体对焦，然后锁定对焦，重新构图拍摄。具体的操作方法是，先半按快门对主体对焦，然后保持快门的半按状态不要松开，然后移动相机的取景视角进行构图，构图完成后完全按下快门，完成拍摄。还可在半按快门按钮后，按下AE-L/AF-L按钮，也可以锁定对焦，然后重新构图后完全按下快门，拍摄完成。

光圈：F2.0　快门：1/1000s　焦距：50mm
ISO 感光度：100　曝光补偿：+0.3EV

对准蝴蝶眼睛进行对焦，半按快门后，移动相机重新构图

拍摄对焦点不在画面中央的主体时，先对主体进行对焦，然后移动相机重新构图，构图完成后，完全按下快门，拍摄完成。也可在半按快门按钮后，按下AE-L/AF-L按钮锁定对焦，然后重新构图后拍摄。

追踪对焦怎样操作？有什么用处？

拍摄运动主体时，要表现主体运动的效果，可以使用追踪对焦法进行拍摄。拍摄时，要使运动的主体时刻保持在取景范围内，并且对主体连续对焦，相机视角就必须追随着主体转动，这时运动的主体对于相机来说如同静止一般，而实际静止的背景对于相机来说则变为了运动状态。如果以相对较慢的快门速度进行拍摄，这时在拍摄的画面中就会发生运动的物体清晰，而拍摄环境中的背景则变为动态模糊的情况。

光圈：F5.6　　快门：1/25s
焦距：200mm　ISO 感光度：200

相机镜头追踪天鹅飞行的轨迹，利用相对较慢的快门速度可以获得主体相对清晰，而背景动态模糊的效果。

（曝光中途）变焦法怎样使用？有什么效果？

曝光中途变焦法在平常拍摄中经常使用到。在使用时先完成构图，调整好曝光，在确定对焦点清晰后按下快门，同时快速转动相机的变焦环，转动时用力要均匀，不能使镜头中轴线出现抖动，这样曝光完成后的画面产生从中心向外逐渐变大的虚影，对焦点处依然清晰，但周围景物呈现出放射状线条的效果，像爆炸一样，非常具有视觉冲击力，给人一种动感的感觉，使平淡的画面变得更有趣味。

| 光圈：F10.0 | 快门：1/40s |
| 焦距：14mm | ISO 感光度：100 |

使用曝光中途变焦法拍摄的日暮效果。

区域对焦怎样操作？有什么用处？

所谓区域对焦法，是指摄影者先估计相机与被摄对象之间的距离，然后设定手动对焦模式，在镜头上旋转对焦环到这个距离上，设定好后，直接拍摄即可。在一些拥挤或视线条件不好的情况下，要拍摄到完美的景物，可以使用区域对焦功能。例如，许多摄影记者在拍摄人群前面的主体时，眼睛往往无法看取景框，而是将相机举过头顶直接拍摄，其原理就是摄影者先判断相机与主体之间的距离，将镜头上的对焦距离表调整到合适的对焦距离，然后直接拍摄，就能获得对焦大致准确的画面。摄影记者在拍摄一些重要人物和突发事件时，区域对焦的作用更大。

| 光圈：F5.0 | 快门：1/25s | 焦距：18mm |
| ISO 感光度：1600 | 曝光补偿：0EV | |

当前方有人群挡住拍摄对象而无法正常拍摄时，可以使用区域对焦的方法，将相机举过头顶拍摄。

152 陷阱对焦怎样操作？有什么用处？

在拍摄一些运动的主体时，使用连续对焦的方式能够获得清晰的画面，但构图却往往不尽如人意，如果拍摄者可以判断出运动主体下一步所要运动到的位置，则可以提前对该位置所在的平面进行手动对焦，待主体运动到该位置时直接按下快门，即可获得对焦清晰、构图合理的画面。这种对焦方式称为陷阱对焦。对于拍摄运动物体（如动物、运动员等）来说，利用陷阱对焦模式拍摄可以得到很好的拍摄效果。

光圈：F3.2　　　快门：1/1250s
焦距：400　　　ISO 感光度：200
曝光补偿：-0.3EV

在赛马运动员前方的某平面对焦，等待他们进入到该平面前的刹那按下快门，能够抓拍到精彩的画面。

153 红外辅助对焦是什么意思？

在光线不足的环境下，相机上的对焦辅助灯可以为照相机的对焦系统照明被摄物体，使对焦系统能准确对焦。一些比较先进的自动对焦辅助灯使用红外线灯替代传统发出可见光的辅助灯。由于红外灯发出的是不可见的红外线，被摄者不能察觉其存在，因此它为偷拍、抓拍带来了巨大方便。

红外线发生器发出红外光照射到被摄体上，相机上的接收器接收反射回来的红外光进行距离运算，并通过步进马达驱动镜头到相应位置完成对焦，为主动式自动对焦。目前，很多单反相机没有安装红外辅助对焦灯，摄影者可以购买带有红外辅助对焦灯的外置闪光灯来使用。需要注意的是，自动对焦辅助灯的功率比较小，通常只会在短距离内起作用（一般不大于4米）。

光圈：F14.0
快门：8s
焦距：16
ISO 感光度：200
曝光补偿：+0.3EV

光线较暗时，红外辅助对焦的功能非常有效。

154 实拍中对焦点（对焦位置）选择是否重要？

拍摄时，很多摄影者往往因过分关注画面的内容、构图等而忽略了画面中对焦点的选择问题。在一幅作品中，对焦点即为作品的兴趣中心，一幅好的作品最基本的要求就是对焦点选择正确，并确保对焦点的清晰，对焦点选择错误，则作品就缺少了灵魂。

如何选择对焦点是一门学问，摄影者应多加练习，在实拍中掌握对焦点的选择问题。总体来说，在拍摄人像时，一般情况下应将对焦点选择在人物的眼睛上，以有利于表现画面主题，使画面看起来更加生动，如果从侧面拍摄人物，那么应选择距离镜头近的一只眼睛为对焦点。在拍摄风景照时，应选择画面中最吸引人眼球的物体进行对焦，如画面中的树木、河流、牛羊等。拍摄花朵的微距照片时，应选择花蕊部分为对焦点。

光圈：F10.0　快门：1/400s　焦距：35mm　ISO感光度：100　曝光补偿：+0.3EV

拍摄雪景时，应在雪地上寻找最吸引人眼球的物体进行对焦，在该画面中，选择雪地上的一棵树作为对焦点，此处即为画面的兴趣中心。

155 焦外与焦内是怎样定义的？

焦内是指聚焦点平面（即焦平面）以内的区域，焦外就是焦平面以外的区域。

光圈：F13.0　快门：1/200s
焦距：70mm　ISO感光度：100

焦外

焦内

156 光圈**是怎样定义的**?

光线通过镜头进入相机内部，照射到感光元件上形成数码影像，而进入相机内部光线量的多少是由镜头内部的光圈决定的。光圈安装在镜头内部，是由多个弧形薄金属叶片相互叠加组成的孔径，通过金属叶片的离合来改变光圈面积的大小，从而达到控制镜头通光量的目的。

镜头内光圈的示意图，可以通过金属片的收缩与扩展来控制光圈的大小变化。

157 光圈**有哪两方面的重要作用**?

光圈有两个作用：一是通过控制进光量的多少来控制影像的曝光程度；二是通过光圈的大小来控制被摄主体与前后景物的虚实关系，即景深的大小。

光圈：F16.0　　快门：1/200s
焦距：130mm　ISO 感光度：400

光圈：F8.0　　　快门：1/200s
焦距：130mm　ISO 感光度：400

拍摄同一场景，在焦距和快门时间相同的情况下，通过调整光圈，可以拍摄出曝光值不同的画面。

光圈：F5.6　　　快门：1/1000s
焦距：194mm　ISO 感光度：100

使用大光圈对画面中的花朵对焦，使主体突出，而虚化的背景又很好地衬托了主体。

158 景深的含义是什么?

在一幅画面中，对焦点是最清晰的，对焦点前面和后面的景物是慢慢变为虚化模糊的，人眼所能接受的对焦点前后景物的清晰范围，即为景深，也就是被摄物体能清晰成像的空间深度范围。对焦点前后景物的清晰范围越大，则称为景深越深；对焦点前后景物的清晰范围越小，则称为景深越浅。

光圈：F2.8　快门：1/40s　焦距：100mm
ISO 感光度：400　曝光补偿：+0.3EV

在画面中，对焦点附近非常清晰，而对焦点之前和之后人眼能够看清的范围，即景深。

159 光圈的数值是怎样计算的?

光圈数值用F来表示，F后的数值可以理解为实际光圈孔半径值的倒数。假设光圈孔面积为s，圆面积公式$s=\pi r^2$，假设圆面积为π时，可以得到光圈的半径为1，此时的光圈值命名为F1.0；当圆面积变为$\pi/2$时，圆的半径变为$r=1/2=1/1.414$，约为1/1.4，此时的光圈值即为F1.4；当圆面积变为$\pi/4$时，圆的半径变为$r=1/4=1/2$，此时的光圈值即为F2.0；当圆面积继续减半变为$\pi/8$时，圆的半径变为$r=1/8=1/2.8$，此时的光圈值即为F2.8……这样最终得出一组光圈值，分别为F1.4、F2.0、F2.8、F4.0、F5.6、F8.0、F11.0、F16.0、F22.0、F32.0等，这组光圈值称为正级数光圈，这些正级数光圈的相邻光圈之间，大小成2倍关系，例如，F1.4光圈大小是F2.0光圈大小的2倍。由此我们知道，在具体拍摄时，如果改变一挡光圈，则曝光值会相应地成倍变化。

随着技术的发展，为了更为精确地控制曝光值，相机厂商生产出了可以以1/3倍面积变化的光圈值，相应地也产生了一些副级数光圈值，如F2.2、F3.5、F5.0等。在加入这些副级数光圈之后，调整1挡光圈值，则曝光值会变化为原值的1/3。

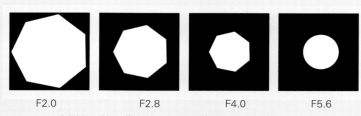

F2.0　　　　F2.8　　　　F4.0　　　　F5.6

光圈大小的调节，其实就是镜头通光孔径大小的变化。

光圈的大小有什么区别？

前面讲到，光圈有两个作用，一是通过调节光圈变大或变小来控制镜头的进光量，以此达到控制影像曝光程度的目的，在光线条件良好的情况下，利用小光圈即可获得足够的曝光量，在光线条件较差的情况下，开大光圈有助于获得更多的曝光量；二是通过光圈的大小来控制被摄主体与前后景物的虚实关系，即景深的大小，大光圈可以营造出浅景深的效果，而小光圈可以得到深景深的效果。另外，光圈大小与画质也有一定的关系，拍摄时，最大光圈与最小光圈都无法表现出最好的画面效果，而使用最佳光圈却能够将镜头的性能发挥到极致，表现出细腻、出色的画质，一般情况下，对于变焦镜头来说，最佳光圈范围是F8.0～F11.0。

光圈：F18.0　快门：1/100s
焦距：16mm　ISO感光度：100

在白天日照充足的条件下，利用小光圈即可获得足够的曝光量，以防止画面曝光过度。

光圈与景深有什么关系？

光圈与景深有着直接的关系，在其他拍摄条件相同的情况下，光圈越小，景深越深，光圈越大，景深越浅。当拍摄大场景的风光画面时，一般使用较小的光圈，以使场景中的所有景物都能清晰地呈现出来；而当画面中需要重点表现某一主题，或画面背景较为凌乱时，则可以通过调大光圈来虚化背景，突出主题。通过对光圈和景深关系的熟练运用，摄影者可以拍摄出精彩的作品。

光圈：F2.8　焦距：70mm　　光圈：F22.0　焦距：70mm

由以上两图对比可以看出，在焦距相同的情况下，光圈越大，景深越浅。

162 前景深与后景深有什么区别?

以拍摄者所持的相机为基准，从焦点到相机之间清晰的范围称为前景深，从焦点到远处之间清晰的范围称为后景深。通常来说，后景深大于前景深，并且在很多情况下，后景深大致为前景深的2倍。

光圈：F2.0　快门：1/250s　焦距：200mm　ISO 感光度：200

粉红色箭头所覆盖的区域为前景深，红色箭头所覆盖的区域为后景深，可以看出，后景深比前景深更大，有时可以大致认为后景深是前景深的2倍。

163 什么是景深容许度?

数码单反相机的视物能力要弱于人眼，在景深的表现力上也是如此。人眼不仅能够看清环境中极近的景物，也能够看清楚极远处的景物，而对于数码单反相机来说，即使采用极小的（如F32.0等）光圈，也无法将相机附近的景物与极远处的景物全都拍摄清晰，这种现象是由相机的"景深容许度"造成的。所谓景深容许度，是指对准焦点后，随着前后景物远离对焦点，画面会越来越模糊，而人的肉眼认为可接受的模糊状态即在景深容许度范围之内；如果距离较远，肉眼认为图像太模糊不可接受，即超出了景深容许度的范围。

不同大小的光圈适合表现什么题材?

光圈大小是根据摄影者所要拍摄的题材和创作构思来选择的。较大的光圈可以使景深变浅,虚化背景,突出主体,在拍摄人物特写、物体特写等以突出主体物为目的的题材时可选择较大的光圈。如果需要表现大场景的画面时,可选择较小的光圈进行拍摄,如风景照、纪实类题材的摄影等。当然,光圈的大小选择还应看摄影者要表达的主题,不能一概而论。

光圈:F4.0 快门:1/1600s
焦距:100mm ISO 感光度:100

拍摄花卉类题材的作品时,一般采用大光圈将背景虚化,以更好地突出主体。

光圈:F11.0 快门:1/90s
焦距:35mm ISO 感光度:200
曝光补偿:+0.5EV

要表现大场景的风光画面时,应使用小光圈,将场景中的所有内容都清晰地呈现出来。

最大光圈和最小光圈的画质不够出色,为什么?

每只镜头都有最大光圈和最小光圈,摄影者通过对其范围内光圈的变化来使画面得到不同的效果。当光圈开至最大时,外界进入镜头的光量很足,镜头内的透镜边缘部分也会有光线通过,但透镜上下两个端点的弧度比中间的弧度要大,其汇聚性出现偏差,这会在汇聚的成像点周围有一些乱光干扰,使成像质量有一定的下降。当使用最小光圈时,孔径非常小,如果有光线透过,就会在孔后发生光线衍射的现象,这也会破坏入射光线的规律性,造成成像画质下降。

166 什么是叙事性光圈？

一般来说，利用小光圈拍摄能够获得深景深效果，画面中的几乎所有细节部分都可以表现出来，拍摄的作品重在叙事，因此也叫叙事性光圈。使用此类光圈一般用来拍摄大场景的风光、纪实类题材的画面。

光圈：F16.0
快门：1/500s
焦距：90mm
ISO 感光度：200

拍摄风光画面时，使用叙事性光圈，有利于将画面中的所有细节都展现出来。

167 什么是分离性光圈？

与叙事性光圈相对应，分离性光圈是指较大的光圈。大光圈带来的浅景深效果使画面中的主体与背景和陪衬物之间的关系更为明确，拉大了它们之间的距离。拍摄时，要突出画面中的主体时，可以使用此类光圈，如人物摄影、微距摄影等。

光圈：F2.0
快门：1/4000s
焦距：200mm
ISO 感光度：100

以人物为主体的摄影，应使用分离性光圈，虚化背景，将人物突出表现出来。

快门的定义是什么？

快门是镜头前方控制外部光线进入相机内部的装置，它通过张合的快慢来控制光线照射相机内部感光元件或者胶片的时间。我们通常所说的快门也指相机顶部的快门按钮。

相机顶部的快门按钮

快门有哪两方面的功能？

快门有两个功能，一是控制相机内感光元件曝光时间的长短，控制曝光量；二是决定所拍摄画面是对物体的瞬间抓取还是对运动物体的运动轨迹记录，快门速度较快时，可以捕捉运动对象的瞬间静态画面，快门速度较慢时，可表现运动对象的动态模糊效果。

光圈：F2.8　快门：1/2000s　焦距：160mm　ISO感光度：800

利用较快的快门速度拍摄，表现出奔跑中的孩子的瞬间静止状态和喷泉水流的瞬间凝结状态。

170 高速快门是怎样界定的？适合拍摄哪些题材？

高速快门一般是指速度高于1/125s的快门，高速快门使用较高的快门速度，能获得恰当的曝光值，例如在正午室外的太阳光线下，环境亮度很高，就需要使用高速快门，以防止画面过曝。另外，高速快门主要用于捕捉凝结的画面。高速快门速度较快，瞬间捕捉性较强，一般在拍摄体育运动、流水、瀑布、动物、新闻等变换性较强、需要抓拍的题材时经常用到。如在体育摄影时，最基本的快门速度应高于1/250s，以确保画面的清晰度，捕捉瞬间画面，获得更多的细节。

光圈：F5.6
快门：1/500s
焦距：16mm
ISO 感光度：100

　　利用高速快门捕捉下滑雪运动员和溅起的雪花瞬间静止的画面。

171 慢速快门是怎样界定的？适合拍摄哪些题材？

慢速快门一般是指速度低于1/30s以下的快门。在光线条件较差的情况下，使用慢速快门可以增加曝光时间，防止画面曝光不足。另外，慢速快门可记录物体移动的轨迹，使运动的物体产生运动虚影，如拍摄车流的轨迹、如丝织般的水流效果等，可以为原本平淡的照片增添新意。需要注意的是，使用慢速快门进行拍摄时，一般要配合三脚架进行使用，否则会造成画面模糊，画质下降。

光圈：F22.0　快门：15s
焦距：16mm　ISO 感光度：50
曝光补偿：+0.7EV

　　利用慢速快门结合三脚架，拍摄出城市夜晚街道上的车流痕迹，画面充满动感。

相机的常规快门时间范围是多少?

通常情况下，当前主流数码单反相机的常规快门时间范围是30s～1/8000s，也有一些入门级的数码单反相机，因造价较低，所以性能不是很高，其常规快门时间范围是30s～1/4000s，但也足够应对大部分的摄影场景。常规快门时间是日常摄影中应用最多的一组快门时间，可广泛应用于风光摄影、人像摄影、纪实摄影等题材。

怎样获得超过30s的快门时间?

一般情况下，数码单反相机的快门范围是30s～1/8000s，如果我们想得到更长的快门时间时，如在光线较暗的条件下，想要获得充足的曝光量，则可以使用B门进行拍摄。B快门是一种手动控制快门速度的曝光方式，当按下快门按钮时，快门叶片打开曝光，只要不松开快门按钮，则快门叶片就会一直打开，让感光元件受光，当超过30s时，即自动变为了B门模式。

在一些机型（如Canon EOS 5D Mark Ⅱ）中，拨盘上直接设定了B门模式，摄影者可以直接在拨盘上设定B门模式，进行长时间曝光。

光圈：F20.0　快门：505s　焦距：38mm　ISO感光度：100

利用B门模式经过长时间曝光后获得的夜景画面。

174 使用长时间快门拍摄时，要进行哪些辅助操作？

长时间摄影时，如果手持相机拍摄，则轻微的抖动都会造成画面模糊，影响画面效果，因此三脚架是必不可少的装备，有了三脚架，可以有效防止拍摄时的抖动。例如拍摄夜景时，如果没有三脚架，则根本无法拍摄，进行微距摄影、精确构图摄影时，也必须有三脚架的支持。

另外，拍摄照片时，在手指按下快门的刹那，总会有力道涌向相机机身，引起相机震动，这也会破坏拍摄照片的清晰度或取景的准确性。快门线和快门遥控器是可以控制相机快门动作的电子仪器，它们可以在不使相机抖动的前提下驱动快门动作完成拍摄，使拍摄的照片效果更清晰，取景更准确。

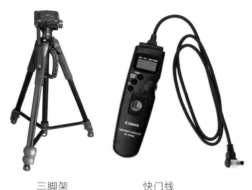

三脚架　　　　　　快门线　　　　　　快门遥控器

175 为什么使用1/8000s的快门拍摄的画面通常比实际场景偏红？

光线中的红、橙、黄、绿、青、蓝、紫这7种光谱是以波长从长到短来排列的，因此它们入射到地面的时间也有所不同，红光在同一介质中传播速度最快。当快门速度调到1/8000s时，红、橙等光谱先进入相机，后面的青、蓝等光谱还未进入相机时，曝光已经完成，这样拍摄的画面自然会有泛红的情况。

左图为使用1/8000s的快门速度拍摄的照片，右图为现场的实际光线情况，可以看到，快门速度过快，则画面色彩偏红。

176 为什么使用超长时间快门拍摄的画面通常比实际场景偏蓝？

与利用快速快门拍摄相反，使用超长时间的快门拍摄时，会有更多的蓝、紫色光谱进入相机，照片画面会呈现出偏蓝或紫的色彩。

光圈：F22.0
快门：20s
焦距：16mm
ISO 感光度：100

本照片经过20s的快门时间拍摄，画面通常偏蓝。

177 ISO感光度是怎样定义的？

ISO感光度是衡量相机所使用感光元件的感光速度标准的国际统一指标，其反映了胶片感光时的速度，ISO感光度越大，则相机的感光性能越好，对于光线的反应速度越快。但是需要注意的是，ISO感光度越高，拍摄画面中的噪点就越多。

178 超高、高、低、超低ISO感光度是怎样界定的？

随着当前数码技术的发展，数码单反相机中的感光度也越来越高，之前的最高感光度只能达到3200或6400时，可能将这个最高值称为超高感光度，但当前数码单反相机中的最高感光度已经超过了10万，那么3200等ISO值就只能称为高感了。

一般情况下，当前感光度可以这样界定：ISO25 ~ ISO100称为超低感光度；ISO200 ~ ISO400称为低感光度；ISO800 ~ ISO3200称为高感光度；ISO6400以上称为超高感光度。

179 ISO感光度扩展是什么意思？

一般情况下，数码单反相机的ISO感光度菜单只显示较低的ISO感光度值，要使用超高ISO感光度数值，则需要在相机的自定义菜单内进行设定，打开ISO感光度扩展功能。右图所示为佳能5D Mark II的ISO扩展菜单，L为ISO 50，H1为ISO 12800，H2为ISO 25600。

180 ISO感光度与曝光有什么关系？

感光度是影响曝光的元素之一，感光度增加，感光元件对光的敏感度也增加。在光圈和快门速度不变的情况下改变感光度，当感光度提高时，曝光量增加；感光度降低时，曝光量减少。例如，在光线充足的正午拍摄，设定ISO感光度为100时，利用相应的光圈和快门组合可以得到正确的曝光，而当傍晚光线变暗时，则需要将ISO感光度提高到400，那么利用同样的光圈和快门组合才得到正确曝光。

光圈：F14.0　快门：13s
焦距：23mm　ISO 感光度：800

夜晚拍摄时，为了获得足够的曝光量，利用了高感光度进行拍摄。

181 ISO感光度为什么会影响照片画质？

在数码单反相机中，ISO感光度提高，其实就是通过信号放大电路，将其电荷信号放大来实现的，但是，在放大感光信号的同时，也会将感光元件中的杂质（干扰信号）一起放大，这样会在最终拍摄的画面上形成数码噪点。感光度越高，信号越强，噪点越多，照片的画质越差。

光圈：F9.0
快门：1/30s
焦距：70mm
ISO 感光度：1600
曝光补偿：−1.0EV

利用了高感光度拍摄的画面，放大观看时，会发现画面中的噪点比较严重。

182 长时间曝光降噪的作用是什么？

当前，许多数码单反相机中提供了长时间曝光降噪功能，开启该功能后，对于1s或1s以上的曝光，都会对画面进行降噪处理。需要注意的是，开启该功能后，相机的响应时间会变长，电量消耗也变大。

长时间曝光降噪功能

光圈：F11.0　　快门：2.5s
焦距：43mm　ISO感光度：125

开启长时间曝光降噪功能后，照片中已经几乎看不到噪点。

183 高ISO感光度降噪的作用是什么？

我们知道，在高ISO感光度下，拍摄的照片中噪点会增加，而当前的许多数码单反相机中提供了高ISO感光度降噪功能，开启该功能后，可有效降低图像在高感光度下拍摄时产生的噪点。

高ISO感光度降噪功能

光圈：F3.5　　快门：1/30s　焦距：16mm
ISO感光度：1000　　曝光补偿：-1.0EV

利用高感光度拍摄，开启高ISO感光度降噪功能后，画面中的噪点得到有效降低。

184 曝光的定义是什么？

曝光这个词源于胶片摄影时代，是指拍摄环境发出或反射的光线进入相机，底片（胶片）对这些进入的光线进行感应，发生化学反应，利用新产生的化学物质记录所拍摄场景的明暗区别。到了数码摄影时代，数码单反相机拍摄画面的光线进入相机后在感光元件CCD/CMOS进行感光，再经过处理后显影，最终还原所拍摄的画面，这个过程即为曝光过程。

185 曝光过度、曝光不足分别是什么意思？

拍摄照片时，光线通过镜头进入相机的光线量不同，会使最终曝光所得影像的效果也不同。如果光圈过大、感光度过高或者曝光时间过长，会造成影像丧失，画面曝光过度，拍摄图像由于太亮而大面积呈现白色，无法看清；而由于光圈过小、感光度过低或者曝光时间过短所造成的影像丧失即为曝光不足，所拍摄的画面大面积呈现黑色调，画面非常暗，许多细节无法显示出来。

本画面中部分区域由于光照过强而导致曝光过度，细节丢失。

画面中白色花朵部分曝光基本正常，但周围的绿色叶片几乎处于全黑状态，曝光不足。

186 曝光受哪几方面因素影响（曝光三角）？

一幅照片的曝光由光圈、快门速度、ISO感光度这三个要素共同作用而定，三者又互相影响，此消彼长，改变其中的一个因素，会影响到其他因素。

在曝光量不变的前提下，光圈越大时，快门速度可以越快，ISO感光度可以越小；反之快门速度可以越慢，ISO感光度可以越大。快门速度越快时，可使用光圈越大，ISO感光度可以越大；反之可使用光圈越小，ISO感光度可以越小。当ISO感光度使用越大时，快门速度可以越快，光圈可以越小；反之快门速度可以越慢，光圈可以越大。

187 曝光补偿的原理是什么？

曝光补偿是一种曝光控制方式，就是有意识地变更相机自动演算出"合适"的曝光参数，让照片效果更明亮或者更昏暗的拍摄手法。拍摄者可以根据自己的想法调节照片的明暗程度，创造出独特的视觉效果等。一般来说，相机会变更光圈值或者快门速度来进行曝光值的调节。

包围曝光有什么好处？

在一些场景中，当可能会出现曝光不正常的区域时，可以使用包围曝光方式进行拍摄。包围曝光就是让相机分别以标准、稍亮及稍暗的曝光值拍摄3张照片，使用前先设定包围曝光的范围，如±0.3EV、±0.5EV、±0.7EV，拍摄完成后，再从3张作品中取一张整体曝光最满意的作品。此种模式的好处是，可以确保在复杂光线下得到准确曝光和准确色彩的照片，给拍摄者更多的选择机会，从中挑出最理想的照片。

曝光补偿：−0.7EV	曝光补偿：0EV	曝光补偿：+0.7EV

第1幅照片是在正常曝光数据的基础上补偿−0.7EV后的效果，第2幅照片为正常曝光值的照片，第3幅照片是在正常曝光数据的基础上补偿+0.7EV后的效果，可以看到，补偿−0.7EV后的图像效果最好，画面最浓郁，细节表现最饱满。

曝光锁定怎样操作，有什么好处？

通常情况下拍摄时，半按快门后，对焦及测光便同时完成，对焦点即测光点，而如果对焦点与测光点不在同一点，那么可以先进行测光，然后使用曝光锁定功能锁定曝光，接着重新构图进行拍摄，而不会改变曝光组合。具体操作是，相机测光完成后，按下"AE-L"或"＊"按钮，这时相机就会锁定曝光值，即使改变构图画面，之前测定的曝光值也不会发生变化，这样最终即可拍摄出曝光准确的画面了。

光圈：F9.0
快门：1/250s
焦距：200mm
ISO 感光度：100

对草原上的枯草测光，然后按"AE-L"或"＊"按钮锁定曝光，再进行对焦拍摄,这样可以兼顾天空与草原上马群的曝光程度。

190 直方图（色阶分布图）是什么？

拍摄完照片后进行回放预览时，按相机上的DISP或INFO按钮，即可打开所拍摄照片的详细信息查看界面。在该界面上可以看到有关照片曝光情况的直方图。

光圈：F1.4　　快门：1/1250
焦距：100mm　ISO 感光度：100

在相机上回放拍摄的画面。

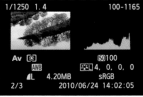

查看照片详细的拍摄参数和曝光程度。

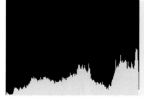

直方图横坐标左侧代表画面中的暗部，右侧代表画面中的亮部，而纵坐标代表了像素的多少。从这个直方图中可以看出，亮部（右侧）的像素更多，观察原照片也可以发现反光的水面亮处面积较大，像素较多。

直方图所表现的是一幅图像中所有像素的亮度分布，其中，横坐标表示像素的亮度，左侧表示纯黑部位，右侧表示纯白部位，纵坐标表示相同亮度的像素数量，这样即可查看一幅图像的亮度统计图，这个直方图也叫色阶分布图。

191 如何通过观察直方图控制曝光？

摄影者拍摄完照片后，可以通过在液晶屏上回放照片，查看照片的详细信息，观察直方图来进行曝光程度的判断，如果观察到曝光有问题，可以调整拍摄参数重新拍摄。

光圈：F6.3　快门：1/60s
焦距：100mm　ISO 感光度：100　曝光补偿：+0.3EV

观察该图像的直方图可以发现，整幅画面的像素多集中在深色区，曝光不足区域较多，画面中高光区域的像素很少，纯白区域没有像素。如果拍摄时稍微增加一定量的曝光补偿，则画面的明暗可能会更加均衡。

观察该图像的直方图可以发现，整幅画面的像素多集中在浅色区，曝光过度区域较多，说明画面中存在高亮、几乎是纯白的区域，而暗色调区域像素极少，此时拍摄就应注意调低曝光值。

光圈：F8.0　快门：1.3s
焦距：16mm　ISO 感光度：200　曝光补偿：+1.0EV

动态范围是什么意思?

动态范围表示图像中所包含的从最暗处至最亮处的范围。动态范围越大,图像中的明暗差异越大,所能表现的暗部细节和亮部细节越丰富,所包含的色彩空间也越广;动态范围越小,图像中的明暗差异越小,画面效果比较柔和,缺少激情和鲜明的风格。

光圈:F6.7　　　快门:1/500s
焦距:235mm　ISO 感光度:200

　　画面的动态范围大,暗部与亮部的细节表现丰富,给观者的视觉冲击力较强。

什么是高光溢出?

我们通常所说的曝光准确的画面人眼看上去亮度适中,视觉效果良好,但数码单反相机的动态范围容许度没有这么大,即使处于正确的曝光范围内,有时也会出现画面中的部分区域曝光过度的情况,这种现象就称为高光溢出。

光圈:F16.0　快门:1/60s　焦距:16mm
ISO 感光度:200　曝光补偿:+0.7EV

　　观察画面的直方图可以发现,高光区域像素过多,说明图像中有高光溢出现象。

什么是动态范围不足？

当图像中的明暗差异较小，亮度反差不大，画面效果比较柔和时，说明画面的动态范围不足，此时的图像看上去平淡，缺乏激情。

光圈：F10.0　　快门：1/125s
焦距：180mm　　ISO 感光度：200

可以看到，画面中几乎不存在纯黑与纯白的区域，即画面明暗对比小，动态范围不足，画面给人一种平淡、柔和的感觉。

测光与曝光的关系是什么？

拍摄照片时，光线进入数码单反相机后在感光元件上进行感光，再经过处理后显影，最终还原所拍摄的画面，这个过程即为曝光过程，衡量曝光程度的数据称为曝光值。实际拍摄过程中，通过镜头进入相机的光线量不同，那么最终曝光所得影像的效果也不同，进光量不足，则所拍摄照片曝光不足，画面很暗，许多细节无法显示出来；而进光量过多，则会造成画面曝光过度，许多细节因为太亮而损失掉了，无法看清。怎样使镜头的进光量恰好满足准确曝光还原真实画面的要求，就决定于测光。测光是指使用专用测光表或相机内置测光表对环境中的光线明暗度等进行测量，为相机曝光提供曝光依据，以获得正确曝光的摄影作品。因此，在拍摄前首要做的就是对拍摄物体进行测光，其目的就是为曝光提供参考数据，以便得到更为准确的曝光值。测光是曝光的基础，准确的曝光是测光的目的。

196 测光的原理是什么？

相机与人眼一样，主要通过环境反射的光线来判定环境中各种景物的明暗。那么相机是怎样确定曝光值来准确还原现场的明暗度呢？这主要是通过测光来确定的。测光是指相机利用内置或外置的测光表对所拍摄场景的亮度进行测量，为相机提供曝光依据，以使拍摄画面曝光正确。场景的亮度取决于该场景中反射光线的多少，反射的光线越多，则表示亮度越高，反射的光线越少，则表示亮度越暗。正常条件下的场景反射率为18%，即表示有18%的光线被反射出来，相机会根据18%这一反射率确定曝光数值，这样即可准确还原现场的光亮度。如果实际拍摄场景的亮度偏高或偏低，则相机会根据反射率与18%相差的多少来确定曝光数值。

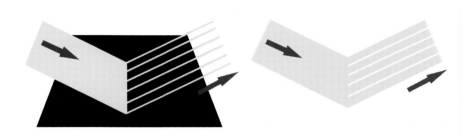

较暗的场景光线反射率很低，较亮的场景光线反射率很高。

197 内置测光表和外置测光表分别是什么？

数码单反相机内部都有自带的测光装置，即内置测光表，内置测光表是反射式测光表，测量的是物体反射出来的光线的亮度。另外，还可以外接单独的外置测光表进行测光。外置测光表有两种类型，分别为入射式测光与反射式测光。

入射式测光是指将测光表放在被摄主体附近，使其与被摄体接收到几乎完全相同的光线照射，这样可以准确地测出被摄体的曝光数值。这种测光效果的测光数据非常精确，但这种方式的不便之处在于其在许多场景中无法使用，例如拍摄高处或是危险处的对象时，往往无法将测光表放到对象周边。

反射式测光是测量被摄体反射出来的光线。使用时将测光表的测光部位对准主体方向即可。反射式测光方法的优点是使用比较方便，并且适合几乎所有的拍摄场景，但缺点也比较明显，就是反射式测光容易受到被摄体反射率的影响，反射率高或低的景物都会使曝光效果不正常，例如拍摄雪景时会出现雪景发灰等情况，这时就需要进行曝光量调整。

对于大多数摄影者来说，使用相机内置测光表即可，内置测光表使用比较方便，不用考虑因其他条件改变的测光数值变化。

外置测光表

198 测光有哪几种常见的方式？

数码单反相机内部提供了几种测光方式，分别为评价测光、点测光、中央重点测光、局部测光等几种测光方式，摄影者可以根据具体的拍摄画面进行选择。

199 评价测光（矩阵测光或平均测光）的原理是什么？

评价测光也称矩阵测光或平均测光，是指通过将取景画面分割为若干个测光区域，每个区域独立测光后再整体整合加以计算，得出一个整体的曝光值。评价测光是摄影中最常用的测光方式，适合对测光不熟悉的初级摄影者使用。利用评价测光方式拍摄的照片，画面曝光一般比较准确。

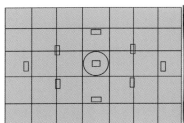

评价测光示意图

光圈：F9.0　　快门：1/400s
焦距：16mm　ISO 感光度：100

利用评价测光方式拍摄的画面，各部分曝光都比较正常。

200 点测光的原理是什么？

点测光方式是以拍摄画面中心的极小范围区域作为曝光基准点，其测光区域约占画面的1%～3%，相机根据这个极小区域测得的光线得出曝光值。采用点测光模式进行测光时，如果测画面中的亮点，则大部分区域会曝光不足，而如果测暗点，则会出现大部分区域曝光过度的情况。因此，这种测光方式要求测光点的选择一定要准确，对准画面中要表达的重点或是主体进行测光。点测光是一种比较高级的测光方式，适合于有一定基础的摄影者或资深单反用户使用。

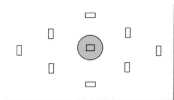

点测光示意图

光圈：F8.0　　快门：1/400s
焦距：100mm
ISO 感光度：400
曝光补偿：−1.7EV

使用点测光方式对高亮的叶片进行测光，使这部分曝光正常，背景则处于全黑状态。

中央重点测光的原理是什么?

中央重点测光方式是相机会把测光重点放在画面中央,同时兼顾画面的边缘,因此负责测光的感光元件会将相机的整体测光值有机地分开,中央部分的测光数据占据绝大部分比例,而画面中央以外的测光数据作为小部分比例起到测光的辅助作用。中央重点测光方式适合拍摄主体位于画面中间的照片,它对画面约60%~75%的重点区域进行测光,所以在拍摄人像照片时使用最多,另外,其在风光、微距等题材中也较为常用。

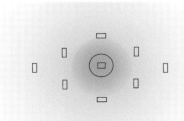

中央重点测光示意图

光圈:F2.0　　快门:1/500s
焦距:200mm　ISO 感光度:100

使用中央重点测光方式对画面中间的主体人物进行测光,并同时兼顾周围的环境。

局部测光的原理是什么?

局部测光方式只对画面中央的一小块区域进行测光,测光范围约占画面4%~12%的范围。局部测光方式适合被摄主体位于画面中的某一部分或区域,并且该区域与周围环境光线相差较大的情况,这样可以获得所需的局部曝光非常准确的照片。局部测光方式适合一些光线比较复杂的场景。

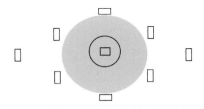

局部测光示意图

光圈:F2.5　　快门:1/250s
焦距:28mm　　ISO 感光度:100

使用局部测光方式对太阳周围的霞云测光,画面的其他区域则呈现曝光不足的现象。

为什么拍摄时通常使用评价测光方式测光？

一般来说，评价测光模式是数码单反相机中最常见的测光模式。测光时相机会测量整个画面的平均光亮度，适合于画面光强差别不大的情况。使用评价测光模式可以满足大多数场景的测光需要，而当环境光线复杂或光线亮度反差过大时，其所获得的测光数据仅仅是一个平均数值而已，对于过暗或过亮的极端环境，则会出现曝光值不准确的情况。一般风景照片多使用评价测光模式进行拍摄。

"白加黑减"是什么意思？

所谓"白加黑减"主要是针对曝光补偿的应用来说的。有时拍摄出来的照片会比实际场景偏亮或偏暗，曝光不是非常准确。这是因为在进行曝光时，相机的测光是以环境反射率为18%为基准的，那么拍摄出来的照片整体明暗度也会接近普通的正常环境，即整体发白的环境会变得灰暗一些，而纯黑的环境会变得偏亮一些。针对这两种情况，在拍摄整体发白的环境时为了不使画面发灰，就要增加一定量的曝光补偿值，称为"白加"；拍摄纯黑的环境时也为了不使画面发灰，就要减少一定量的曝光补偿值，称为"黑减"。

如果相机以18%的反射率进行测光和曝光，那么会使原本白色的景物变得亮度不够而发灰。

光圈：F16.0 快门：1/100s 焦距：16mm ISO 感光度：320 曝光补偿：+1.0EV

对白色的画面进行"白加"，即增加曝光补偿，可以获得准确的曝光值。

如果相机以18%的反射率进行测光和曝光，那么会使原本黑色的景物变得亮度过高而发灰。

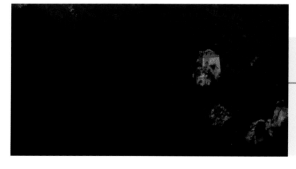

光圈：F16.0 快门：1/200s 焦距：155mm
ISO 感光度：200 曝光补偿：−1.7EV

对较暗的画面进行"黑减"，即降低一定的曝光补偿，可以获得准确的曝光值。

205 "白加黑减"的原理是什么?

数码单反相机的测光是以18%的中性灰为光反射率基准,因此相机会把测光区域归为18%的中性灰,给出的曝光值也是所测区域为18%中性灰时的曝光组合值。这样如果使用测出的曝光组合值来拍摄,得到的画面会显得灰蒙蒙的,黑色区域不够黑,白色区域不够亮,因此在拍摄白色的环境时需要增加一定量的曝光补偿值,拍摄黑暗的环境时就要减少一定量的曝光补偿值,即为"白加黑减"。

 206 什么是18%中性灰?

数码单反相机判定环境中景物的明暗时,也需要通过环境反射的光线来判定。我们看到雪地很白,是因为雪地能够反射接近90%的光线;我们看到黑色的衣物,是因为这些衣物吸收了大部分光线,只反射不足10%的光线,在白天的室外环境中,综合天空、地面、植物、建筑物、水泥墙体、柏油路面等反射的光线,整体的光线反射率在18%左右,即中性灰的反射率。

 207 为什么使用18%中性灰能获得最准确的曝光?

在大部分环境中,反射率都为18%中性灰,所以相机就以此为标准进行测光,测出环境的明暗,决定曝光值。18%中性灰是一个中间亮度,不管是对暗部还是亮部测光,所得的曝光值都是18%中性灰的,这就为摄影者提供了很好的参考依据,拍摄时只需根据实际场景需要增加或减少曝光量来拍摄,就可以得到较为准确的曝光。

 208 多重曝光是什么意思?

多重曝光是指拍摄的多张照片会叠加在一张照片上,以获得多张照片重叠的视觉效果。

多重曝光所能合成的曝光次数是有限的,一般可以一次性对2个或3个画面进行多重曝光操作,但是要提前开启相机的多重曝光功能。需要注意的是,开启多重曝光功能后,多次拍摄曝光的时间间隔不能超过30秒,否则相机会记录第一次曝光的照片并退出多重曝光模式。

使用多重曝光功能拍摄的画面。

色温的概念是什么？

<big>通</big>常人眼所见到的光线，是由7色光谱所组成。这7种光谱分别具有不同的颜色，即表示各自的温度不同，这种颜色的温度用色温来表示。具体的色温数值用开尔文表示，英文单位是K。太阳7色光谱混合后的色温大约为5200K，红色光谱色温要低于5200K，而蓝色光谱的色温则高于5200K。在一天之中，自然界的环境早晚会呈现出红、橙的色彩，而随着温度升高，则逐渐变为蓝色调，这种色彩的变化即表示色温也发生了变化。

色温逐渐升高，色彩也由红转黄，温度继续升高，色彩最终变为蓝色。

白平衡的概念是什么？

<big>在</big>自然界中，我们所看到的色彩，如红色、黄色、绿色等都是与白色作为参照标准得出来的，各种不同色彩的产生是来源于与白色相比较后产生的感觉。如果白色不准确，那么其他颜色的物体也会随白色偏同样的颜色，如在早晨或傍晚，白色就会呈现出偏红的色彩。而作为标准的白色，是以红、绿、蓝三原色混合叠加后产生的色彩。通常所说的白平衡调整，是指为使照片所表现的色彩与人眼实际看到的色彩一致，而对相机进行的具体设定。

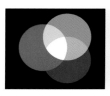

红、绿、蓝三色是与白色相对比后给人的色彩感觉。

白平衡与色温有什么关系？

<big>物</big>体在不同色温下所呈现的颜色是有所不同的，例如，在中午太阳光照射下的白色和早晚时分的白色呈现出的效果是不同的，即中午的白平衡标准与早晚时分的白平衡标准是不同的。色温越高，色彩就越偏蓝色调；色温越低，色彩就越偏红黄色调。数码单反相机要表现出真实场景的色彩，就需要遵循这种标准，才能准确还原拍摄现场的画面。例如，在室外中午的太阳光线条件下拍摄，相机要设定白平衡标准的色温环境为5200K；而到了晚上的荧光灯条件下，设定的白平衡标准需要的色温为4000K。也就是说，相机内的白平衡模式与色温是一一对应关系。

光圈：F13.0 快门：1/8s 焦距：250mm
ISO感光度：200 曝光补偿：+1.0EV

正午时分拍摄的云海景观，色彩比较纯正。

光圈：F16.0 快门：8s
焦距：40mm ISO感光度：125

日暮时分的云海景观，画面偏红或橙色。

相机内有哪些白平衡模式？

目前，数码单反相机内都提供了许多白平衡模式，摄影者可以根据实际场景的色温情况调整相应的白平衡模式。具体的白平衡模式有自动白平衡、日光白平衡、阴影白平衡、阴天白平衡、钨丝灯白平衡、荧光灯白平衡、闪光灯白平衡、自定义（手动）白平衡等。

相机内的白平衡模式是怎样设定的？

相机内设定的各种白平衡模式，是在不同的色温条件下测定的，能够大致反映出相应环境中的白平衡，但并不是十分精确，特别是在一些比较特殊的天气条件下。因此，拍摄前应准确测定出拍摄时的色温值，然后设定此刻的白平衡，则可以准确还原拍摄场景的实际色彩。

相机白平衡（色温）设定偏高，画面色彩会怎样？

当相机所设定的色温过高时，所拍摄的画面色彩会偏暖色调，在早晚拍摄时，设定比实际场景高的色温值，则画面偏红、橙色。拍摄较为温馨的题材时可以使用这种方法，使画面更为温暖。

光圈：F6.3　快门：1/400s　焦距：160mm　ISO感光度：100

傍晚时分拍摄的画面，设定比实际场景高的色温值，画面呈现出红橙色的暖色调。

215 相机白平衡（色温）设定偏低，画面色彩会怎样？

当相机所设定的色温偏低时，所拍摄的画面色彩会偏冷色调，如在正午时分拍摄时，设定比实际场景低的色温值，则画面偏蓝，如想体现寒冷或者安静等感觉时可以运用。

光圈：F13.0　快门：1/640s
焦距：30mm　ISO感光度：250
曝光补偿：–0.7EV

利用比实际场景低的色温值拍摄雪地景色，画面偏蓝。

216 自定义白平衡模式是怎样操作的？

数码单反相机内的自定义白平衡选项是未经过设置的，要通过白色或反射率为18%的灰卡进行设定。自定义白平衡设定是通过白纸或中性灰在当前环境中的颜色表现，来告诉相机在当前的环境中，什么是真正的白色。

下面介绍自定义白平衡模式的操作方法。

1）找一张白纸或测光用的灰卡，因为自动对焦模式无法对白纸对焦，因此设定手动对焦方式，相机设定光圈优先、快门优先、全手动等拍摄模式。

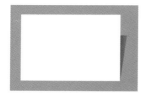 

2）对准白纸拍摄，并且要使白纸充满整个屏幕。拍摄完毕后，按回放按钮查看拍摄的白纸画面。

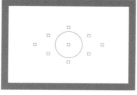

3）进入相机设定菜单，选择自定义白平衡菜单选项，此时画面上会出现是否以此画面为白平衡标准的提示，选择确定选项，即设定了所拍摄的白纸画面为当前的白平衡标准。

全自动模式是什么？

选择全自动模式后，相机会根据拍摄场景中的环境条件进行运算，自动设定光圈、快门、感光度等拍摄参数，摄影者只需调整好焦距，对拍摄画面进行取景构图，按下快门即可。使用全自动模式拍摄的画面，一般情况下曝光比较准确，但得到的画面效果也非常普通，适合初级摄影者使用。

光圈：F10.0　快门：1/800s　焦距：11mm
ISO 感光度：200　曝光补偿：−0.3EV

利用全自动模式拍摄的画面，曝光基本准确。

具体的情景模式有哪些？

数码单反相机上提供了一些情景模式，对于初学者来说，可以考虑使用情景模式拍摄。情景模式包括风景模式、人像模式、微距模式、夜景模式、运动模式等，使用时，只需在拨盘上拨至相应的模式上即可。

风景模式：在拍摄风光照片时可以使用风景模式，相机会使用较小的光圈来增加景深，保证前景和背景的成像都比较清晰，同时还会适当增加被摄物体的饱和度和对比度，适当突出蓝色和绿色，使所拍摄的天空更蓝，植物更绿，风景更鲜亮清晰。

光圈：F22.0　快门：1/2s　焦距：35mm
ISO 感光度：100　曝光补偿：−1.0EV

利用风光模式拍摄的画面中，绿色的表现力很强。

人像模式：人像模式主要用于拍摄人像时使用。在人像模式下，相机会自动使用较大的光圈，使背景虚化，突出人物。另外，相机会轻微降低饱和度，使人物的肤色和头发更加柔和。

光圈：F2.0
快门：1/2000s
焦距：200mm
ISO 感光度：100

利用人像模式拍摄简单的人像照片，画面比较柔和。

微距模式： 拍摄近距离的花朵或者小物体时，开启微距模式，可以使主体占据整个画面，并使背景虚化。为了更好地突出主体，可以选择简单的背景，尽可能靠近主体，使用变焦镜头的长焦端，这样拍出来的主体显得更大一些，画面具有极强的冲击力。

光圈：F2.8　　快门：1/250s
焦距：160mm　ISO 感光度：100

　　利用微距模式拍摄的花卉微距照片，突出了主体花朵。

夜景模式： 夜景模式可以在夜间拍摄时获得足够的曝光，呈现出清晰的夜景效果，需要注意的是，最好使用三脚架，以避免手持相机长时间曝光造成的画面模糊。

光圈：F22.0　　快门：1/15s
焦距：29mm　ISO 感光度：50
曝光补偿：+1.0EV

　　使用夜景模式配合三脚架拍摄的夜景画面。

运动模式： 在运动模式下，相机使用高速快门来瞬间凝结物体的运动，主要用于拍摄移动的主体（奔跑的小孩或者移动的车辆等）。在这一模式下，使用中央自动对焦点可以更好地对焦在被摄主体上，捕捉到清晰的瞬间。但是在光线不足时，使用该模式可能会因为高速快门导致画面曝光不足。

光圈：F4.0　　快门：1/800s
焦距：200mm　ISO 感光度：200

　　运动模式会自动设定较高的快门速度，利于拍摄运动的主体。

219 情景模式的优劣是什么？

使用相机上设定的情景模式拍摄，可以更为快捷地由相机自动设定好曝光组合值，对于初学者而言，减少了因对曝光不够了解造成的曝光不够准确的问题，而只需拿起相机进行构图拍摄即可。但是相机的情景模式设定始终有局限性，当拍摄环境复杂时，利用情景模式拍摄，有时会出现曝光不准确的情况，并且如果想追求画面的艺术效果，利用情景模式是很难达到的。

220 程序自动模式是什么？

程序自动模式也称为P模式，在这种模式下，相机根据现场光线情况确定好曝光组合的光圈值和快门值后，摄影者还可以根据自己的需要调整白平衡、感光度等参数，但是曝光值要受相机的控制。程序自动模式是一种非常快捷、方便的方式，摄影者不必担心画面的曝光问题。相对于全自动模式，程序自动模式更为自由，可操作性更强。

光圈：F8.0　快门：1/125s　焦距：70mm　ISO 感光度：320

在程序自动模式下，摄影者可以随意设定光圈与快门的组合，而又能保证曝光值比较准确。

221 光圈优先模式是什么？

光圈优先模式即模式转盘上的A（Av）挡。使用光圈优先模式，摄影者只能控制光圈的大小，营造景深景浅或是画面曝光程度高低的效果。在改变光圈时，快门速度会随着发生变化。当然，摄影者还可以手动控制白平衡、曝光补偿、测光模式等。光圈优先模式是有一定基础的摄影者最为常用的拍摄模式，在风光摄影、人像摄影、微距摄影、夜景摄影等几乎所有的拍摄题材中，都可以使用光圈优先模式拍摄出很好的作品。

光圈：F4.5
快门：1/30s
焦距：105mm
ISO 感光度：200

使用光圈优先模式，设定较大光圈拍摄，获得主体清晰、背景虚化的效果。

222 快门优先模式是什么?

快门优先模式即模式转盘上的S（Tv）挡。在这种模式下，摄影者需要控制快门速度，当然也可以调节白平衡、曝光补偿、测光模式等参数，相机会根据摄影者所选定的快门速度给出一个合适的光圈。高速快门能够在拍摄运动对象时抓拍其瞬间的静态影像，即使其凝结；慢速快门在拍摄运动对象时能够表现其运动的动态模糊感；中慢速度的快门则可以表现运动对象动静结合的状态。这样，使用快门优先模式时，摄影者可以根据自己的拍摄意图，拍摄出或静态或动态的照片效果。快门的另外一种重要作用是控制拍摄画面的曝光量，高速快门下曝光时间较短，慢速快门下曝光时间较长，这在一些光线条件比较极端的场景中拍摄时较为常用。

光圈：F5.0　快门：1/2s
焦距：30mm
ISO 感光度：200
曝光补偿：+0.3EV

摄影者利用快门优先模式，提前设定好适中的快门速度，拍摄出动静结合的效果。

223 全手动模式是什么?

全手动模式即模式拨盘上的M挡。在全手动模式下，相机的光圈与快门值都完全可调，由摄影者自己来决定曝光数值，非常有利于摄影者创作意图的实现。使用全手动模式拍摄照片时，拍摄者先根据拍摄意图设定光圈数值，然后调整快门、感光度、白平衡等其他拍摄参数。确定好光圈数值后，如果要确定感光度与快门数值，应注意观察液晶屏上的曝光量指示标志。光圈与快门值下面的曝光补偿刻度表在全手动模式下可以指示所拍摄画面的曝光程度，指针偏左，表示曝光不足；指针偏右，表示曝光过度，偏移的量越高，曝光不足或过度的程度越高。

全手动模式是摄影者创作空间最大的拍摄模式，画面的明暗效果、色彩效果等都可以在该模式下有出色的表现。全手动模式适合有经验的摄影者使用，可以体现他们的技术水平，使照片获得想要达到的艺术效果。

光圈：F20.0　快门：1/40s　焦距：16mm
ISO 感光度：160　曝光补偿：+0.3EV

利用全自动模式拍摄，拍摄者可以自己控制曝光值，营造出比较特殊的画面。此外，在一些光线恒定的场景中，只要设定固定的光圈和快门值，可以一直拍摄并且不用考虑曝光不准确的情况，如室内人像写真等。

创意自动模式是什么?

创意自动模式即模式拨盘上的CA挡。在创意自动模式中,摄影者能够通过液晶屏上的显示信息进行相应调整,调整选项有背景模糊/清晰程度、曝光程度、闪光灯是否关闭、照片风格、画质、快门速度、光圈大小等,且这些调整参数均可直接在液晶屏上通过快速选择按钮直接选择后调整。

如果向左移动曝光程度刻度尺中间的指示标记,照片将显得更暗;如果向右移动指示标记,照片将显得更亮。

B门模式是什么?

B门的完整称呼为Bulb,是指手动控制时间长短的快门释放器。在摄影中,B门是指按下快门按钮后相机快门帘打开,相机进行曝光,松开快门按钮后,快门帘关闭,曝光结束,如果持续按住快门按钮,则相机会持续进行曝光,即通过手按快门按钮时间的长短来控制拍摄画面的曝光程度,通常称为B门。B门多用于拍摄一些夜景、烟花等微光场景,但曝光时间的掌握需要拍摄者自己控制,经验性较强。

对于大部分中低档机型来说,无法直接从拨盘上直接设定B门模式,需要在全手动模式下,调慢快门速度,当快门时间大于30s时,则相机会自动切换到BULB模式下,即B门模式。

光圈:F22.0　快门:33s
焦距:21mm　ISO感光度:50
曝光补偿:+0.3EV

超过30s曝光时间的画面,必须使用B门模式来进行拍摄。拍摄时要注意设定较小的光圈以及较低的ISO感光度,以确保画面不会曝光过度。

T门模式是什么？

T门模式的效果和B门基本相同，不同的是，T门模式在操作时，按一下快门按钮快门打开，经过一段时间的曝光后，再按一下快门按钮快门才会关闭。因为其功能和B门一样，所以现在很多相机都省去了此模式。

室内人像为什么多使用全手动模式拍摄？

全手动模式是一种创意性很强的拍摄模式。在室内拍摄人像，光线基本上都是人造光，可摆布性较强，光线较为复杂，使用全手动模式可以更好地根据拍摄者的意图来进行曝光组合，可控制性较强。且室内光线大多恒定，只要设定合适的光圈和快门值，即可利用这个组合一直拍摄，并且不用考虑曝光不准确的情况。

光圈：F1.8　快门：1/500s
焦距：85mm　ISO 感光度：400
曝光补偿：+0.7EV

利用全手动模式拍摄室内人像，摄影者可以根据现场光线的情况决定曝光组合，可控制性较强。

夜晚的烟花为什么多使用全手动模式拍摄？

夜晚拍摄时，光线较弱而且强度不定，光线较为复杂，使用其他模式拍摄可控制性不强，容易造成曝光不准确或者拍不到烟花的情况，因此应选择控制性较强的全手动模式进行拍摄，由摄影师自行决定曝光组合，利用小光圈，适当延长快门时间，为防止拍摄时的抖动影响画面效果，还应配合三脚架进行拍摄。

光圈：F18.0　快门：3.2s　焦距：85mm
ISO 感光度：400　曝光补偿：+0.7EV

利用全手动模式，配合三脚架，拍摄下夜晚美丽的烟花。

6 摄影理论知识

229 什么是视觉冲击力？

"视觉冲击力"一词源于英文的Visual Impact，在摄影领域常常用来评价照片的视觉构成。简单来讲，一幅好的作品应同时具有外在和内在的视觉冲击力，外在的视觉冲击力强调的是镜头的张力，内在的视觉冲击力强调的是画面内容给人心里的震撼。许多摄影师在拍摄时会使用广角镜头造成夸张的畸变或者夸张的对比等方法来强化这种震撼。

光圈：F6.3　　快门：1/400s
焦距：16mm　ISO感光度：640

　　利用广角镜头拍摄的画面，照片四角发生畸变，画面给人的视觉冲击力较强。

230 什么是构图？

构图一词来自英语Composition，是造型艺术的术语。这个术语的基本意义是，把构成整体的那些部分统一起来，在有限的空间或平面上对摄影师所表现的形象进行组织，形成画面的特定结构，以此表现摄影师的拍摄意图。简单地说，构图就是指如何把人、景、物以最佳布局安排在画面当中，另外还有画面中点、线、面、形态、光线、色彩的配合。

　　构图是表现作品内容的重要因素，不同的构图方式会给观众传递出不同的视觉感受。构图的目的是为了把摄影师构思好的人或景物加以强调突出，舍弃那些一般的、次要的东西，并恰当地安排陪体，选择环境，使作品更具艺术效果。

光圈：F8.0
快门：1/250s
焦距：12mm
ISO感光度：160
曝光补偿：−0.5EV

　　构图就是把景物合理地安排在画面中，使作品具有艺术效果，好的构图可以给欣赏者以美的享受。

231 画面的构成元素是什么？

每幅摄影作品都是由不同的要素构成的一个整体，这些要素即为我们说的构成元素，摄影师把各种要素通过合理的构图形式展现在我们眼前，而这些构成元素无外乎是点、线、面。有意识地掌握和运用这些元素，可以把画面组织得更加完整、合理和更加吸引观众视线，使作品更具有韵味和艺术表现力。摄影作品中的点可以极大地吸引欣赏者的注意力，使作品中有突出的主体；线条在画面中可以用于分割面，并且可以引导欣赏者的视线，使画面产生动感与韵律感；面可以使欣赏者的视线有平稳的过渡，并且面的明暗能够为摄影作品增加立体感。

光圈：F8.0　快门：1/640s
焦距：14mm　ISO 感光度：100

画面中单只的骆驼为一个点，多只骆驼连成一条线，整个画面构成一个完整的面。

232 线条在构图中具有怎样的力量？

线条在构图中起着非常重要的作用，它是组织画面的工具，欣赏者的视线会随着线条的轨迹延伸，可以感受到画面的动感与韵律。在构图中合理运用线条可以突出主体，增强画面的美感和视觉冲击力，构图完美的线条可以引导欣赏者的视线延伸出画面，给人很强的空间感。

线条的合理运用对画面的作用主要有：线条可以用作表现画面的整体结构和主体的整体形象，化繁为简，在画面结构中发挥它的作用；线条可以通过对主体、陪体和背景等细部的刻画，造成不同的质感、量感和空间感；线条可以引导观众的视线，使观众的注意力集中在画面上；此外，不同的线条形式会营造出不同的画面情感，例如，直线条坚强有力，曲线条柔美流畅等。

光圈：F16.0　快门：1/13s
焦距：26mm　ISO 感光度：100

画面中的桥形成的线条可以引导观者视线向画面远处延伸。

233 画面中有哪些构图元素？

一幅画面中的构图元素完整，才能正确反映作品要传达的主题。一般情况下，画面中的构图元素有主体、宾体、前景、背景、留白等。其中，主体是所有构图元素中最为重要的，也是一幅作品中不可或缺的元素，所有的其他元素都是为了更好地表达主体，一般情况下，主体要处于画面中最显眼的位置。宾体也称为陪体，主要用于陪衬、修饰主体，使主体更加醒目、突出。前景位于主体等景物之前，起到一个过渡性的作用，使主体不至于太突兀。背景主要用于交代主体所处的环境、时节、时间等信息，也可以起到衬托主体的作用。留白主要是指在画面中留出一定没有景物的区域，给欣赏者留下思索的空间。

天空作为背景 ← 车作为陪体 → 主体人物 → 地面作为前景

光圈：F2.5　　快门：1/400s
焦距：85mm　ISO 感光度：100

本画面构图元素比较完整、丰富，欣赏者能够获得足够多的场景信息。

234 透视的概念是什么？

透视是一种非常重要的摄影语言，通过控制透视来传达画面主题在摄影中非常常见。透视指的是画面中物体的空间关系，简单地说，透视就是纵深，即近大远小、近实远虚等，也可以称为几何透视与影调透视。在实际拍摄时，用远近不同事物呈现出的近大远小、近实远虚的夸张程度来体现透视的强弱。强化的透视感能提升观众身处实际场景的现场感，它可以强化主体的代表特征，并弱化了图形结构。好的摄影作品往往是这两种透视规律都非常明显，特别是大场景的风光作品中，线条透视优美，空间感强，而影调透视则使画面变得深远，意境盎然。使用广角镜头拍摄时，透视规律较好。

光圈：F18.0　快门：1/50s
焦距：16mm　ISO 感光度：100

利用广角镜头拍摄大场景的画面，透视规律较好，空间感强。

质感是什么？

质感，是指物体的材质、面料等给人带来的感觉，多指触感、手感。摄影画面中的质感，经常是指画面中主体的纹理清晰度和立体感，给人一种触手可得的感觉。质感好坏的判断多出自观众直观的感觉，而从摄影角度分析，影响画面主体质感的因素有：对焦的准确性、景深是否适当、颗粒细腻程度、阴影关系、色彩还原度等。

怎样表现景物质感？

为了表现景物的质感，在拍摄时最常用的是侧光，光线以较低角度照射物体表面，这会在表面纹理粗糙的物体上产生极好的效果。多云或阴天的时候，天空就像是一个巨大的散射光源，这时主体可以获得很均匀的光线照射，适合拍摄表面光滑细腻的物体，而材质透明的物体的质感在逆光环境下最容易得到表现。

光圈：F22.0 快门：1/40s
焦距：16mm ISO 感光度：200

斜射光最容易表现出画面的明暗影调层次，靠近拍摄，还可以使画面展现出很强的质感效果。

前景与背景的作用是什么？

在摄影作品中，前景是位于主体前面、距离相机最近的景物。前景具有突出主体、呼应主体和装饰画面的作用，还可以增强画面的空间深度、交代环境、渲染现场气氛、揭示画面主题、丰富画面色彩、弥补空白。在画面中，前景可以起到过渡的作用，使主体的出现不会过于突兀，这样画面的整体效果会更加协调。需要注意的是，前景在画面中的视觉效果不能强于主体，否则会削弱主体的地位，画面将失去平衡性。

光圈：F9.0 快门：1/160s
焦距：21mm ISO 感光度：200

绿色枝叶和水面作为前景，能够使欣赏者的视线有一个很好的过渡，可以防止主体景物显得非常突兀。

背景一般是指主体后面的景物，具有衬托主体、说明环境、丰富画面内容、形成景深的作用。背景的选择范围非常广泛，天空、草地、山峦、水面、墙壁等都可以作为背景的形式出现。虽然背景具有很广的选择面，但在具体选择时，却不可随意，需要注意不能选择过于杂乱、颜色过多、亮度过高的背景，以免分散观众的注意力。

光圈：F10.0　快门：1/200s
焦距：16mm　ISO 感光度：200

　　背景可以丰富画面层次，还可以传达一些时间、天气等信息，本画面以天空中的一团乌云作为背景，具有极强的视觉冲击力。

238　主体在画面中的地位是怎样的？

主体是摄影画面的主要表现对象，是主题表达的重要体现者，是画面的主导因素，是整个画面的焦点所在，是画面构成的基本条件，是评价一幅摄影作品好坏的首要因素。主体并不一定是孤立存在的，它可以是一个对象，也可以是一组对象。突出主体的方法有很多，例如，可以通过调整拍摄视角以及镜头焦距，将主体比例放大，还可以将主体放在画面中的构图点上，以吸引欣赏者的注意力，也可以虚化除主体之外的景物来突出主体等。

光圈：F5.3　快门：1/80s　焦距：80mm
ISO 感光度：200　曝光补偿：-0.7EV

　　主体是画面中的主要表现对象，应将其突出表现在画面中，而主体之外的景物可以进行虚化，以突出表现主体。

239 宾体在画面中的地位是怎样的?

宾体也称为陪体,是在画面中陪衬渲染主体,并与主体共同构成情节的被摄体。宾体在构图中不仅仅起陪衬主体、协助主体完成表达思想内容的任务,还起着装饰美化画面、增强色调、表现气氛和画面纵深、掩盖某些不足的作用。宾体的表现也有一定的要求,首先其画面表现力不能强于主体,否则会喧宾夺主,影响画面的整体效果;其次,宾体要与主体协调一致,并能够起到烘托主体的作用,否则宾体就失去了应有的意义;最后,宾体并不是构图中必需的元素,某些特定的画面并不需要出现宾体,如对主体的特写镜头画面等。

光圈:F5.6 快门:1/80s
焦距:180mm ISO 感光度:800

本画面中,最前面的人物是主体,而左侧虚化的人物是宾体。利用大光圈浅景深的手段使主体之外的景物虚化之后,宾体就不会因为非常清晰而过多分散欣赏者的注意力,从而突出主体的形象。宾体可以丰富画面内容,并衬托主体。

240 留白在画面中的地位是怎样的?

在摄影作品中,摄影者往往看中构图的形式而忽略了留白的力量,对于相同的拍摄对象,画面中有留白更能呈现一种全然不同的景象。留白经常能够起到"以虚映实,以少带多"的作用,并且留白的最高境界能够达到"此时无声胜有声"的效果。留白往往能吸引观众的注意力,因为它让拍摄对象更为凸显,能有效地诱发情感。留白可以是天空,可以是虚化的景物、干净的地面,留白处要干净、简洁,不能误导观众,应该很自然地把观众的目光引向主体。适当的留白可以为观众留下想象的空间,净化画面,表现主题,提高画面的艺术感。

光圈:F20.0 快门:1/2s
焦距:35mm ISO 感光度:1000

画面上方和下方的留白部分能够使欣赏者展开想象,思绪蔓延。

241 横幅与直幅的区别是什么？

在摄影前进行构图时，摄影者首先要面对的问题就是画面横幅与直幅的选择。横幅构图与直幅构图所能营造的画面效果差别很大，横幅拍摄多用来表现四平八稳、宽阔大气、均衡稳定的主题，在风光题材作品中最为常见，能够表现场景宽广、辽阔的感觉；直幅用来展现主体的高大雄伟、苗条优美等特点，在人像题材中使用更为频繁，能够以较窄的画面表现主体对象高大、雄伟的气势。直幅相对于横幅可以表现更好的纵深感，却没有横幅画面传达的信息多。当然，横幅或直幅的选择并不绝对，具体的选择方式还应该根据现场拍摄条件来决定。

光圈：F9.0　快门：1.3s
焦距：24mm　ISO 感光度：
100　曝光补偿：−0.3EV

　　直幅构图善于表现主体高大、雄伟的气势。

光圈：F16.0　快门：1/160s　焦距：35mm
ISO 感光度：200　曝光补偿：−0.7EV

　　横画幅构图善于表现开阔、广袤的环境，能够传达出一种大气、磅礴的气势。

242 平拍画面的特点是什么？

平拍是指相机与被摄对象处于同一水平面的拍摄角度，这种拍摄方式符合人眼的视觉习惯，拍摄的照片效果一般比较平稳安定，不带太多的感情色彩，属于平铺直叙的表达方式。采用平拍构图的普通照片往往视觉冲击力不是很强，正因为这样，平拍也较多被用在新闻摄影、写实派摄影中，更多地趋于客观表达。

光圈：F9.0　快门：1/400s
焦距：16mm　ISO 感光度：100

　　水平线构图的摄影作品给欣赏者以平稳、踏实的感觉。

仰拍画面的特点是什么？

仰拍是指镜头向上仰起进行拍摄，仰拍的摄影作品中被摄对象看起来更加高大、有气势，照片中的构图元素富有近大远小的夸张透视感觉。在拍摄高大的建筑时，一般会使用仰拍的手法，可以使建筑物更显宏伟，另外，仰拍在人物摄影中也经常用到，可以表现出人物的修长。

光圈：F2.8　快门：1/40s　焦距：16mm
ISO 感光度：1600　曝光补偿：−1.0EV

　　仰视取景能够将主体对象拍摄得非常高大，还容易产生一种眩晕的感觉。

俯拍画面的特点是什么？

俯拍是指镜头俯视进行拍摄，镜头要高于被摄对象。采用俯拍的方式可以比较容易地拍摄出景物的高度落差，搭配广角镜头与较大的物距，可以表现出画面广阔的空间感。俯拍可以传达出更多的画面信息，因此俯拍适合表现集会、游行等大场面的景物以及由田野、河流等所构成的线条图案。但是，俯拍人物时，大角度俯拍不利于刻画人物表情变化，在性格的描写上显得无力，而且人物会显得很矮小。

光圈：F11.0
快门：1/25s
焦距：19mm
ISO 感光度：800

　　俯视角度取景可以获得更大的视角，表现出画面的空间感。

245 什么是黄金构图法则？

黄金构图法则是摄影学中最重要的构图法则，并且许多种其他构图形式都是由黄金构图法则演变或简化而来的。黄金分割据传是古希腊学者毕达哥拉斯发现的一条自然规律，即是指在一条直线上，将一个点置于黄金分割点上时给人的视觉感受最佳。

黄金分割公式可以从一个正方形来推导，将正方形的一条边分成二等份，取中点x，以x为圆心，线段xy1为半径画圆，其与底边延长线的交点为z点，这样可将正方形延伸并连接为一个矩形，由图中可知A:C=B:A=5:8。在摄影学中，35mm胶片幅面的比率正好非常接近这种5:8的比率（24:36=5:7.5），因此在摄影学中可以比较完美地利用黄金分割法构图。

通过上述推导可得到一个被认为很完美的矩形，在这一矩形中，连接该矩形左上角和右下角的对角线，然后从右上角向y点作一线段交于对角线，这样就把矩形分成了3个不同的部分。按照这3个区域安排画面中各不同平面的方式，即为比较标准的黄金构图。

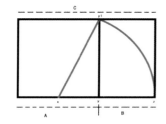

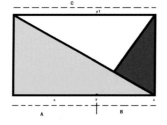

光圈：F7.1
快门：1/800s
焦距：16mm
ISO 感光度：100
曝光补偿：–0.7EV

能够使景物获得准确、经典的黄金排列，是非常不容易的。

246 什么是黄金构图点?

当前主流数码单反相机的成像格式为3:2的比例,可以将之等效为黄金分割的矩形。这样在安排画面景物时,即可以根据不同景物的明暗及色彩将它们安排在黄金分割出来的3个区域,这就是黄金构图在摄影学中的典型应用。对一些面积较小的画面主体,可以将其安排在黄金构图点上,这是一种黄金构图的扩展形式。黄金构图点的位置在画面对角线与另一顶点的垂足上。设画面的4个顶点为A、B、C、D,连接AC对角线,从B或D引垂直于AC对角线的垂直线,垂足E、F即为黄金构图点。

构图取景时将主体置于黄金构图点上,能够有效地吸引欣赏者的注意力,使主体效果更加醒目、突出。

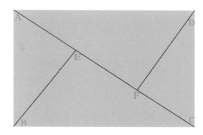

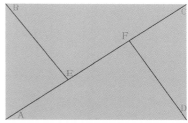

画面中E和F均为黄金构图点位置。

光圈:F11.0　快门:1/125s　焦距:16mm　ISO 感光度:100

画面中的树位于黄金构图点上,能够吸引欣赏者的注意力。

247 什么是三分法构图？

三分法构图是由黄金构图法简化而来的，它是利用两条直线将构图画面的长边或者短边平分为三份，可以用来避免对称式构图给人的呆板感觉，但在实际的拍摄中，平分长边的三分法很少使用，并且常见的平分短边的三分法也多用于风光题材的摄影中。

在拍摄一般的风光画面时，天空与地面的交界线通常是非常自然的分界线，常见的分割方法有两种，一种是天际线位于画面上半部分，即天空与地面景物的比例是1:2；另一种是天际线位于画面的下半部分，这样天空与地面比例就变成了2:1。使用三分法构图时，可以根据色彩、明暗等的不同，将画面自然地分为3个层次，恰好适应了人的审美观念。

光圈：F2.5　快门：1/100s　焦距：28mm　ISO 感光度：100

天空占整体画面的1/3，中间的牛羊也占画面的1/3，该画面为非常典型的三分法构图。

248 什么是明暗对比构图？

影调是组成画面的最基本元素，影调的明暗会让人产生不一样的心理感受，摄影者可以通过控制画面的明暗比例进行构图来表达画面主题。使用明暗对比构图法时，需要掌握正确的曝光条件，通过表现主体、陪体、前景与背景的明暗度来强调主体的位置与重要性。当画面中亮部多于暗部时即为高调画面，适合表现光明、温暖等主题；画面中暗部多于亮部时即为低调画面，适合表现黑暗等主题。使用明暗对比法时，画面中亮部区域与暗部区域的明暗对比反差很大，但又要保留部分暗部的细节，因此拍摄者在对画面曝光时应慎重选择测光点的位置。有时画面中很难找到合适的测光点，如果对亮处测光，需要增加一定程度的曝光补偿；如果对暗处测光，则需要降低一定的曝光补偿。

光圈：F16.0
快门：1.3s
焦距：12mm
ISO 感光度：400

利用较暗的背景与明亮的主体进行对比，既强调了主体的位置，又通过明暗对比营造出一种强烈的视觉效果。

249 什么是大小对比构图？

摄影画面中，大小对比构图是指在构图取景时特意选取大小不同的主体与陪体，形成对比关系，取景的关键是选择体积小于主体或视觉效果较弱的陪体。按照这一规律，长与短、高与低、宽与窄的对象都可以形成对比。在大小对比构图中，大小差异越大，对比效果就越强烈。

光圈：F2.8　快门：1/500s
焦距：100mm　ISO 感光度：200

相同的主体对象，利用它们之间的大小对比可以使画面更具观赏性。

250 什么是远近对比构图？

根据人眼的透视规律，我们知道近大远小、近实远虚的感受，在摄影构图中即可利用这种感受合理安排画面结构和画面主题，这种构图法即为远近对比构图法，它利用画面中主体、陪体、前景以及背景之间的距离感，来强调突出主体。

光圈：F16.0
快门：1/500s
焦距：300mm
ISO感光度：250
曝光补偿：+0.3EV

　　画面中在草原上吃草的牛形成远近对比，增加了画面的趣味性，使简洁的画面并不简单。

251 什么是景深减法构图？

摄影是一门减法的艺术，在举起相机构图时画面中会出现多余的、次要的景物，这就需要拍摄者根据拍摄意图进行取舍，提炼出表达画面意图的元素。拍摄者可以通过调节光圈的大小或者焦距的长短进行景深的控制，较浅的景深可以虚化掉周围多余的元素，这就是景深减法构图。景深减法构图的关键点在于背景的虚化效果，虚化程度越高，减法效果越明显。一般情况下，焦距越长、光圈越大，背景虚化程度越高。另外，摄影者靠近被摄主体，并使主体与背景之间的距离拉远，也可以获得一定的背景虚化效果。景深减法在花卉摄影、微距摄影、人像摄影、体育摄影这几类题材中最为常见。

光圈：F2.0　　快门：1/1000s
焦距：200mm　ISO感光度：125

　　利用大景深将背景虚化，就如同在画面中减去了繁杂的背景，这其实是一种景深减法构图。

252 什么是阻挡减法构图?

阻挡减法是指在取景时先进行观察与分析，然后调整拍摄角度，恰好使主体或前景来阻挡背景中细节过多或比较杂乱的部分，这样可以使得画面简洁，从而达到突出主体的效果，被遮挡住的部位也可以给观众带来想象的空间，为画面制造了神秘感。

光圈：F10.0　　快门：1/100s
焦距：14mm　　ISO 感光度：100

利用仰拍的手法，使大片树林遮挡住单色乏味的天空，这是一种非常典型的阻挡减法构图。

253 什么是夸张减法构图?

在画面中制造夸张的方法有很多，比如使用广角镜头拍摄或利用强烈的色彩反差以及主体在画面中的面积大小等进行对比。在拍摄时，利用夸张减法构图可以用来突出主体，既减少了画面的干扰因素，又有力地表达了画面的主题。

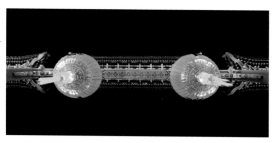

光圈：F2.8　快门：1/15s　焦距：16mm
ISO 感光度：1600　曝光补偿：+0.3EV

以纯黑的天空作为背景，仰拍挂在牌坊上的红灯笼，主体突出，视觉效果强烈。

254 什么是封闭式构图?

封闭式构图讲求画面的完整均衡，是四平八稳的构图方式，摄影师利用取景框选取画面，并运用角度、光线、镜头等手段重新组合框架内部的情节时，摄影师就把框架之内看成是一个独立的天地，追求的是画面内部的统一、完整、和谐、均衡等效果，旨在将观众的注意力集中在画面主体和主题上。简单地说，封闭式构图就是摄影师在一张照片的空间内把画面中的情节直接叙述出来，这种构图形式更适合严肃正式的题材。

光圈：F5.6　　快门：1/30s
焦距：400mm　ISO 感光度：640

封闭式构图能够表现主体的全景，画面非常完整，欣赏者一眼就可以看清楚画面的内容。

255 什么是开放式构图？

开放式构图恰恰是一种颠覆传统的构图法则与审美习惯，有时故意破坏均衡的构图方式，摄影师不再把画面框架看成与外界没有联系的界线，画面构图注重与画外空间的联系，造成一个除了可视画面以外，还存在着一个不可视的，但由观众想象而存在的画外空间。开放式构图中的画面主体不一定在画面中间，画面内容不一定均衡，主体不一定完整，这都是为了给观众留下想象的空间。这种构图形式更适合时尚活力的题材，但要注意主题的表达和画面的引导作用。

光圈：F11.0　　快门：1/350s
焦距：400mm　　ISO 感光度：400

开放式构图是以局部来表现整体的构图形式，具有很强的视觉冲击效果。

256 影调层次是什么意思？

层次是构成画面影像的基本因素，是处理照片造型、表达画面情感的重要手段。在摄影中，影调层次就是被摄体表现出来的明暗和色彩层次。要增加画面的层次感，就要求增多画面影调和色调层次的变化，但摄影者要注意把握，否则影调层次过多会使画面杂乱，主题不明确。

光圈：F22.0
快门：1/6s
焦距：60mm
ISO 感光度：200
曝光补偿：−0.5EV

画面影调层次丰富，意境悠远。

直射光具有何特点？

直射光线是指有明显光源发射出的光线，如太阳光等。直射光照射到被摄对象上时，会形成明显的投影，产生高亮部位、过渡部和暗部。在这种光线下，受光面与阴影面之间有一定的明暗反差，比较容易表现被摄对象的立体特征以及被摄体表面的纹理质感。直射光线的造型效果比较硬，因此也叫做硬光。太阳光是比较典型的直射光，照射到被摄对象上时，会产生较大的明暗对比，从而表现出被摄体的立体形状。

光圈：F11.0　快门：1/500s　焦距：45mm　ISO 感光度：400

直射光下的景物能够拉出阴影，有利于表现画面的明暗层次和立体感。

散射光具有何特点？

散射光是指光线没有一定的照明方向，即没有明显点光源照射的光线，如天空光、带柔光玻璃的灯具等。这样在被摄对象上就不会形成明显的受光面和阴影面，也没有明显的投影，光线效果比较平淡柔和，也称为软光。散射光光线柔和，适合表现人物，在多云或阴天时，天空就是一个巨大的散射光源，这时拍摄的画面明暗差别小，能获得反差较小、影调柔和的影像。也因为散射光不会使被摄对象产生比较强烈的明暗反差对比，所以在欣赏者的视觉感受上会有一些平淡。

光圈：F11.0
快门：1/10s
焦距：24mm
ISO 感光度：200

散射光效果比较柔和，并且画面中景物的色彩饱和度也会比较高。

259 反射光具有何特点？

反射光是摄影用光中的独特光线，属于间接光，经过反射的光线可以变得柔和而且具有个性。在逆光拍摄照片时，可能会存在画面背景亮度很高，但被摄主体正面亮度不足的情况，这时就需要利用反射光来进行补光，可以使用亮度较高的平面体反射光线，利用反射光线对被摄体补光，一般的反射体就是反光伞和反光板，经过反射光补光的效果要比主光源的效果弱，从而形成一定的光比，画面看起来更加真实，并且效果更加柔和。

光圈：F2.5　　快门：1/250s
焦距：85mm　　ISO 感光度：100

逆光拍摄人像，人物正面会曝光不足，需要使用反光板进行补光。

260 光强是怎样定义的？

光源发出光的强度即为光强。光线的强度越高，被照射体越明亮，被摄体表面的色彩、造型、材质和纹理等都要更清晰，造型、立体感与纵深的表现都很强，拍摄画面色调清晰、色彩明锐，画面景深可控范围较大。光线强度越低，被摄体的色彩、材质、纹理等表现出的画面就越低沉，明暗反差小，色调柔和，质感细腻，画面景深也会受到影响。

光圈：F16.0　　快门：1/13s　　焦距：16mm　　ISO 感光度：160

强光照射下的环境画面显得非常清晰、明快。

反差是怎样定义的？

反差是指光线照射在被摄体上形成的明暗对比。光线照射到被摄体上时，会产生高亮部位、一般亮度部位和暗部阴影，这三者之间就存在亮度的反差，也叫明暗对比。在实际拍摄时，如果被摄体的反差太小，画面就会没有层次，缺少立体感和纵深感，这样的作品就没有空间感与立体感之言；反差太大，画面就会失去亮部或者暗部的细节。由于被摄体本身的反差和相机的曝光都会影响到画面的反差，为了使画面的反差控制在可接受范围内，拍摄时需要注意光线的控制和曝光的准确。

光圈：F2.0
快门：1/1000s
焦距：200mm
ISO 感光度：100
曝光补偿：−0.3EV

利用光线的反差营造出人物的立体感与情感。

顺光摄影有何特点？

顺光是指光源从拍摄方向正面射向被摄体的光线，所以也称正面光。顺光拍摄时，被摄体的正面均匀受光，表面色彩、材质、纹理都会比较完整，非常容易表现对象正面视觉效果。但这种光线差别不大，比较平淡，明暗反差小，影调层次也不够丰富，既不易表达景物的立体感和空间纵深感，也不利于表现物体的表面质感，因此在拍摄中很少用它作被摄体照明的主要光源。

光圈：F16.0　快门：1/160s　焦距：16mm
ISO 感光度：200　曝光补偿：+0.7EV

顺光摄影能够使景物表现清晰，但画面往往会缺乏一些影调层次。

263 侧光摄影有何特点？

侧光是指光源在被摄体的左侧或右侧射来的光线。在侧光的照明下，因为投影落在侧面，被摄体的亮部和暗部各占一半，最容易在被摄体表面形成强烈的明暗反差，能比较突出地表现被摄体的立体感、表面质感和纵深感。使用侧光能够营造非常强的视觉冲击力，但半明半暗的画面在测光曝光方面比较难以控制。侧光在表现表面粗糙的物体时有着非常出色的造型能力，但侧光不宜拍摄人像，因为侧光会使人的脸部形成一半明一半暗的阴阳脸。

光圈：F22.0　　快门：1/100s
焦距：120mm　ISO 感光度：200

侧光会在主体的背光面形成阴影，使画面影调层次丰富。

264 斜射光摄影有何特点？

斜射光是指光源位于被摄体左右两侧的45°左右，如果光线位于两侧的前方，称为前斜射光，如果光线位于两侧的后方，称为后斜射光。斜射光比较符合人们正常的视觉习惯，在前侧光照明下，被摄体有明显的影调对比，明暗面的比例也比较适中，画面整体的影调层次变得丰富，画面深度增加，可较好地表现被摄体的立体形态和表面质感。这种光线在人物摄影中使用比较普遍，能较好地表现人物的外貌和内心。

光圈：F11.0　　快门：1/160s
焦距：18mm　　ISO 感光度：400
曝光补偿：+0.7EV

斜射光最容易表现出画面的明暗影调层次，如果靠近拍摄，还可以使画面展现出很强的质感效果。

265 逆光摄影有何特点？

逆光是指光源正对着相机镜头，从被摄体后方射来的光线。逆光有较强的表现力，由于逆光光源来自被摄物体的正后方，在逆光的照射下，景物的大部分处于阴影之中，因此被摄景物会呈现出明亮、清晰的轮廓线条，突出了画面主体，增强了影调层次，制造了特殊气氛。在拍摄逆光照片时，如果对背景测光就会产生主体亮度不够的情况，此时可以利用反光板或者闪光灯对主体进行补光。逆光条件下，也可以拍出非常有冲击力的剪影作品来，许多摄影师都热衷于逆光创造的剪影效果，剪影可以使画面的冲击力和感染力得到进一步提升。

光圈：F22.0　快门：1/125s
焦距：21mm　ISO 感光度：320
曝光补偿：−1.0EV

逆光拍摄植物的叶片、花瓣等，会有一种透光的效果，非常梦幻，并利于表现出主体的纹理等细节。

266 顶光摄影有何特点？

顶光是来自被摄对象顶部的光线，晴朗天气里正午的太阳通常可以看做是最常见的顶光光源。在顶光下拍摄人物近景特写会得到反常的照明效果，人物前额和鼻梁亮，眼窝黑，颧骨突出，两腮有明显的阴影，所以一般不用顶光拍人物近景、特写。

光圈：F3.2　快门：1/320s　焦距：85mm
ISO 感光度：100　曝光补偿：−0.3EV

顶光照射时会在人物的五官下方投射出阴影，不利于表现人物的美貌或帅气。

267 脚光摄影有何特点？

脚光是指从被摄体的下方向上射出的光线。脚光在摄影中多用于背景光的造型，其照明时被摄体下明上暗，很少用脚光作为主光源照明拍摄人物，多用于表现特殊的效果。脚光作为辅助光可用以消除人物鼻子或下巴底下过重的阴影，对女性的头发也有修饰作用。在风光摄影中，脚光也可用作修饰光使用，拍摄城市雕塑、建筑物时，利用脚光可以把它们的壮观展现出来。

光圈：F3.2
快门：1/25s
焦距：11mm
ISO 感光度：200
曝光补偿：−1.3EV

底光在广场、建筑物等摄影题材中非常多，一般不用于人像摄影。

268 剪影画面的特点是什么？

剪影为没有影调细节的黑影像，一般为亮背景衬托下的暗主体。剪影表现的只是被摄体的轮廓，即照片中的人物、建筑、山峦等只表现轮廓形状，而不要求表现它的细部特征，类似剪刀剪出的影像。剪影照片可以突出主体，表现人物外形姿态。拍摄剪影要在明亮的背景下进行，剪影的主体要取在近景或中景，不宜在远景条件下拍摄。

光圈：F22.0
快门：1/60s
焦距：18mm
ISO 感光度：100

逆光摄影容易勾勒出景物的轮廓，拍摄出剪影效果。

什么是反射式闪光?

拍摄时如果使用闪光灯补光对物体直接补光,经常造成高光部分过曝,同时光线太硬、不自然,反射式闪光是利用墙壁、天花板、反光板等表面将光线反射给主体,这种方法使光线比对主体直接闪光照明更柔和。需要注意的是,反射体表面不要有颜色,以免会给闪光加上颜色,破坏照片的色彩风格。

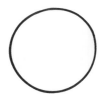

反光板

逆光拍摄时,人物正面容易曝光不足,如果直接利用闪光灯对其进行补光,则光线会过硬,而使用反光板对其进行间接补光,则效果更柔和。

光圈:F2.0　快门:1/500s　焦距:200mm　ISO 感光度:100　曝光补偿:-0.3EV

柔光罩的作用是什么?

柔光罩也叫闪光灯散射罩,是安装在闪光灯上的一种对强光起到柔化作用的装置,它可以将闪光灯打出来的光线变得柔和,使照片看起来更加自然。例如,在室外拍摄逆光人像等题材时,可以使用柔光罩改变闪光效果,这种效果与反射式闪光相差不大,具体操作是使用一些塑料或布料材质的轻薄罩体,将其覆盖在闪光灯上,这样能够使闪光灯效果变得非常柔和。

光圈:F2.0　快门:1/8000s
焦距:85mm　ISO 感光度:100

闪光灯的灯光过硬,直接对被摄体进行补光,则光线效果不自然,如果在闪光灯前加上一层柔光罩,则光线会变得柔和,画面更自然。

271 色彩是怎样产生的？

色彩是人们通过眼、脑和实际生活经验所产生的一种对光的视觉效应。人对颜色的感觉不仅仅由光的物理性质所决定，也往往受到周围颜色的影响。有时，人们也将物质产生不同颜色的物理特性直接称为颜色。了解光线与色彩变化的规律，才能把握这些色彩细微变化对成像的影响，拍出来的照片色彩感好。

光圈：F19.0　快门：1/90s　焦距：22mm　ISO感光度：200

五彩斑斓的色彩可以给观者带来美的享受。

272 什么是三原色？

自然界中任何色彩的产生都离不开太阳光线红、橙、黄、绿、青、蓝、紫这7种光谱色彩的混合叠加，在我们日常的应用中，将这7种光谱色抽象出3种基准颜色，分别为红、绿、蓝，7种光谱色所能混合叠加出的颜色，使用红、绿、蓝3种基准颜色也能叠加出来。因此，人们把红（Red）、绿（Green）、蓝（Blue）这3种色光称为三原色，分别简称为R、G、B。R、G、B色彩体系就是以这3种颜色为基本色的一种体系。

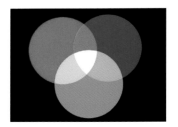

R、G、B色彩体系

273 色轮是如何产生的？

色轮是为了人们方便、直观地观察并调配色彩而产生的，人们使用色轮来表现色彩之间的关系。色轮将各种相邻色放在一起，形成完整的色彩体系，可以让人们非常直观地对其进行观察使用，在具体使用时可以方便地找到配色依据。

色轮示意图

274 色相是什么意思?

色相是色彩的相貌,是指各种颜色之间的区别,是色彩最显著的特征,是不同波长的色光被感觉的结果,比如红、黄、绿、蓝、紫等。光谱中有红、橙、黄、绿、蓝、紫6种基本色光,人的眼睛可以分辨出约180种不同色相的颜色,人们给这些可以相互区别的色定出名称,当人们称呼到其中某一种色的名称时,就会有一个特定的色彩印象,这就是色相的概念。色相决定着色彩的性格,而一幅好照片的色相与照片的主题表达是分不开的,色相可以帮助主题的情感表达。

光圈:F2.8 快门:1/1000s
焦距:105mm ISO 感光度:160

画面中黄色、绿色、粉色等颜色即为不同的色相。

275 明度是什么意思?

明度是指色彩的深浅、明暗,它决定于反射光的强度,任何色彩都存在明暗变化,其中黄色明度最高,紫色明度最低,绿、红、蓝、橙的明度相近,为中间明度。另外,在同一色相的明度中还存在深浅的变化,如绿色中由浅到深有粉绿、淡绿、翠绿等明度变化。彩色照片中,被摄体表面的光反射率越大,对人们视觉刺激的程度越大,看上去就越亮,这一颜色的明度就越高。在黑白照片中,明度最高的色为白色,明度最低的色为黑色,中间还存在一个从亮到暗的灰色系。

光圈:F16.0
快门:1/30s
焦距:40mm
ISO 感光度:200
曝光补偿:+0.5EV

天空的云层是典型的明度变化,最远处靠近太阳的位置明度较高。

276 纯度是什么意思？

纯度是指色彩的鲜艳程度，它取决于该色中含色成分和消色成分（灰色）的比例。含色成分越大，纯度越大；消色成分越大，纯度越小。人们的视觉能辨认出的有色相感的色，都具有一定程度的鲜艳度。在人的视觉所能感受的色彩范围内，绝大部分是非高纯度的色，大都是含灰的色，有了纯度的变化，才使色彩显得更丰富。纯度体现了色彩内向的品格。同一幅照片中的同一个色相，即使纯度发生了细微的变化，也会立即带来色彩性格的变化。

光圈：F2.8
快门：1/250s
焦距：105mm
ISO 感光度：1250
曝光补偿：+0.6EV

照片画面色彩非常浓艳，纯度较高。

277 相邻色的画面给人怎样的感觉？

按照光谱中的顺序，相邻的颜色就是相邻色，比如红色和橙色，橙色和黄色，黄色和绿色，蓝色和紫色等。在拍摄时，把这些相邻的色彩搭配在一起，会给欣赏者以和谐、安稳的感觉。需要注意的是，在搭配相邻色时，要注意照片的层次，利用环境来制造层次。

光圈：F2.0　快门：1/125s　焦距：200mm　ISO 感光度：200

以黄色系与橙色系的相邻配色构成画面，为画面赋予非常和谐稳定的感觉。

278 互补色的画面给人怎样的感觉?

互补色是从色轮上来看处于正对位置的两种颜色，即通过圆心的直径两端的颜色。例如，绿色的互补色是粉红色，蓝色的互补色是红色等。在摄影时采用互补色彩组合，会给欣赏者以非常强烈的情感，视觉冲击力很强，色彩区别明显、清晰。

黑色与白色虽然在色轮上没有体现，但在通俗的说法中，也代表了两种摄影色调，并且为互补的关系，这两种色调的摄影作品能够表现出极为强烈的对比关系，视觉冲击力较强。

在色轮中，通过圆心的直径两端的颜色为互补色，黑色与白色也可以看做是互补色。

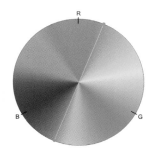

光圈：F22.0
快门：1/100s
焦距：16mm
ISO 感光度：100
曝光补偿：-0.7EV

互补色其实就是对比色，这种配色具有很强的视觉冲击力。

279 冷暖色的画面给人怎样的感觉?

不同的色彩除了能够代表不同的情绪外，还能传达出冷暖的信息。有时人们看到某种色彩会有发冷的感觉，而另外一些色彩则给人温暖的感觉，这种区别就是色彩的冷暖效果。冷暖色是指色彩的冷暖分别，是人们在长期生活实践中由于联想而形成的。色彩学上根据人们的心理感受，把颜色分为暖色调（红、黄）、冷色调（青、蓝）和中性色调（黑、白、灰）。在色轮上，以黄色和紫色所在的直径往上，色彩比较热烈、温馨，这些色彩可以称为暖色系；相反的，黄色和紫色所在的直径下方则是冷色系。暖色系的色彩给人活力、积极、热诚、温暖的感觉，冷色系的色彩可以表现出自然、清晰、理智、纯净的情感。

280　暖色系画面给人怎样的感觉？

暖色系的色彩常见于喜庆、情感强烈的场景，如人们见到红、红橙、橙、黄橙、红紫等色后，首先会有温暖柔和的感觉，可以马上联想到太阳、火焰、热血等物象，人们日常生活中的庆典、聚会、仪式等多采用暖色系搭配。自然界的风光中，春季和秋季也是暖色系比较多的时节，春季各种颜色的花多是暖色系，秋季的黄、红枝叶以及收获的果实也多为暖色系。

色轮上画出的部分为暖系色彩。

光圈：F6.3　快门：1/800s
焦距：32mm　ISO 感光度：100

暖色系的画面会让人感觉到暖意，非常舒适和亲切。

281　冷色系画面给人怎样的感觉？

冷色系给人一种冷却、理智的视觉体验，人们见到蓝、蓝紫、蓝绿等色后，则很易联想到太空、冰雪、海洋等物象，产生寒冷、理智、平静等感觉。自然界中冷色系的代表有植物的绿色枝叶、流水的白色水花、蓝天白云、天然的大理石以及水泥混凝土的建筑物等。摄影作品通过冷色系的色彩可以表现出自然、清晰、理智或是纯净的情感。

色轮上画出的部分为冷系色彩。

光圈：F22.0　快门：1/15s
焦距：21mm　ISO 感光度：100

冷色系画面不带有丝毫的情感，能够让人冷静下来，有时会让人体会到一种距离感。

282 什么是明调与暗调？

明调与暗调是表现画面感情和主题的基础。明调画面使用的大部分色彩明度较强，画面色调明亮，这一类色调宜于表达欢快、舒展、明静、爽朗、简洁等感情，也可用于忧伤、悲壮的主题。暗调与明调相反，由比较深暗的色彩组成画面，深沉、庄重、浓郁、静穆、神秘、恐怖等情调的主题，往往采用暗色调。

光圈：F10.0　快门：1/250s　焦距：70mm
ISO 感光度：200　曝光补偿：+0.6EV

光圈：F16.0　快门：1/200s　焦距：155mm
ISO 感光度：200　曝光补偿：−1.7EV

　　明色调的画面色彩明度较强，色调明亮，给人愉快、明亮等感觉。

暗调画面色彩较暗，传达出沉重、神秘、恐怖的情感。

283 红色系画面给人怎样的感受？

红色系代表爱意、热烈、热情、力量、浪漫、警告、危险、积极、温暖、前进等情感信息，是一种非常强烈的色彩表现，容易引起人们的注意，使人联想起太阳、火焰、热血、花卉等。在中国，红色通常是喜庆的象征，在传统婚礼、欢庆场合中较为常见，能够传达出热烈的感觉；日常生活中，红色还代表警告、禁止等意义，如交通中的红灯限行；摄影师作品中的红色会表达热烈或是浪漫的效果，如人像红的热烈、花卉风景红的烂漫等。但有时，红色也被认为是幼稚、原始、暴力、危险、卑俗的象征。

光圈：F4.0　快门：1/40s
焦距：165mm　ISO 感光度：500
曝光补偿：+0.5EV

　　红色是一种非常强烈的色彩，画面中以红色人物作为主体，能够极大地吸引欣赏者的注意力。

284 黄色系画面给人怎样的感受？

黄色系可传达出明快、简洁、活泼、温暖等情感，在中国，黄色还代表着富贵与权势。黄色是非常靓丽的色调，在很多时候都能给人一种眼前一亮、豁然开朗的感觉。春季油菜花田的黄是明快与轻松的，而秋季是黄色调更具代表意义的季节，象征着收获与成功的喜悦。黄色系几乎能与所有的颜色相配，但黄色过于明亮而显得刺眼，并且与其他颜色相混极易失去其原貌，故也有轻薄、不稳定、变化无常、冷淡等不良含义。

光圈：F11.0 　快门：1/250s
焦距：105mm 　ISO 感光度：200
曝光补偿：−0.7EV

黄色是明快的色彩，给人轻松的感觉，另外，黄色也是秋季的典型色彩。

285 绿色系画面给人怎样的感受？

绿色系给人自然、和谐、成长、青春、活力、理想、希望等感受。自然界中，绿色植物到处可见。绿色最适应人眼的注视，有消除疲劳、调节的功能。一年四季中，除冬季外，绿色最为常见，春季的淡绿代表成长与活力，夏季的深绿传达出浓郁的气息，秋季的黄绿色则象征着自然的过渡。绿色在与其他色调搭配使用时，要注意画面的协调与美感。

光圈：F11.0 　快门：1/350s
焦距：180mm 　ISO 感光度：400

绿色系的画面给人一种和平、希望、有活力的感觉。

青色系画面给人怎样的感受？

青色是绿色和蓝色加色混合而成的间色，它能传达出淡漠、高洁、秀气、顽强、冷硬、阴森、庄严的情感，正常的环境中一般很少出现青色。因为青色是中性偏冷的色彩，色彩感情消极的一面稍多，所以在拍摄时要注意青色系对画面主题表达的影响。

光圈：F18.0
快门：1/3s
焦距：70mm
ISO 感光度：100
曝光补偿：−1.0EV

青色表现出一种凋零、落寞而又包含一丝坚韧的画面效果。

蓝色系画面给人怎样的感受？

蓝色系与红、橙色相反，是典型的寒色，表达出专业、深邃、理智、宁静等情感。不同的蓝色与白色相配，表现出明朗、清爽与洁净；蓝色与黄色相配，对比度大，较为明快；天空的深蓝又是深邃与宁静的代表。在摄影中使用蓝色时，要注意白平衡的调整，否则拍摄天空时经常会有泛青的色偏效果。

光圈：F16.0
快门：1/2s
焦距：35mm
ISO 感光度：200

蓝色的画面显得非常干净，给人深邃、宁静等情感。

288 黑色系画面给人怎样的感受？

黑色为无色相、无纯度之色，黑色调的对象吸收了几乎所有的光线，而几乎不进行光线反射，传达出神秘、严肃、庄重、含蓄等情感，另外，也易让人产生悲哀、恐怖、不祥、沉默、罪恶等消极印象。尽管如此，黑色的组合适应性却极广，无论什么色彩与其相配，都能取得赏心悦目的良好效果。摄影中与黑色搭配最为常见的是白色，单纯的黑白搭配色可以减少画面中的杂色影响欣赏者的视觉体验，能将人们的注意力吸引到作品的内涵方面，并且画面视觉冲击力很强。需要注意的是，黑色不能大面积使用，否则不但其魅力大大减弱，相反会产生压抑、阴沉的恐怖感。

光圈：F22.0   快门：1/30s
焦距：16mm   ISO 感光度：100

黑色调的画面能够表现出神秘、危险的情感。

289 白色系画面给人怎样的感受？

白色并不是某种光谱的颜色，而是各种不同颜色光谱的混合。白色系给人的印象为纯净、明亮、朴素、平淡等。在摄影学中，白色经常与其他色调搭配使用，并且能够搭配的色调非常多，在白色的衬托下，其他色彩会显得更鲜丽、更明朗。例如，黑白搭配能够给人以非常强烈的视觉冲击力，蓝白搭配则会传达出平和、宁静的情感等。拍摄白色的对象时，要特别注意整体画面的曝光控制，因为白色部分区域很容易会曝光过度而损失其表面的纹理感觉。

光圈：F18.0   快门：1/200s   焦距：28mm
ISO 感光度：200   曝光补偿：+1.0EV

白色的雪景画面表现出纯洁、干净的情感。

7 摄影实拍知识一：风光摄影

290 外出风光摄影之前为什么要特别注意天气变化？

大自然中的天气是千变万化、难以捉摸的，时而风和日丽，时而风雨交加。天气的每一种变幻，都是大自然情绪的直接表达。风光摄影要利用天气变化的各种表现来强调、突出所描写的主体的主观思想，正所谓"以景抒情"，如雨天拍摄雨景，雪天拍摄雪景，即使同样的景物，在不同的天气情况下也会有不同的表现。另外，注意天气的变化有利于充分做好摄影前的准备，如防雨、防湿等。

291 外出风光摄影时需要准备哪些附件？

所谓工欲善其事，必先利其器，要想获得出色的风光摄影作品，除了要准备合适的相机与镜头之外，还需要依靠许多摄影附件。摄影包、偏振镜、中灰镜、三脚架、快门线、遥控器、存储卡等都是必不可少的摄影附件。外出摄影时，携带的器材往往较多，利用专业的摄影包即可解决这个问题，将器材及附件全部装进摄影包中即可。偏振镜、中灰镜等滤镜能有效地过滤光线、增强画质，而三脚架、快门线、遥控器等可有效避免相机抖动造成的成像模糊。外出摄影一般拍摄的照片较多，如果不方便将照片随时导入电脑中，可多准备几张存储卡，防止相机中的存储卡容量不够用。充分利用这些摄影附件能帮助摄影师获得最好的成像，使摄影变得简单。

存储卡

摄影包

三脚架

滤镜

292 利用广角镜头拍摄的风光画面有何特点？

广角镜头因其庞大的视角而成为风光摄影中使用频率最高的镜头，拍摄风光类题材时，广角镜头能够在有限的幅面中容纳更多景物，并且在同样光圈条件下能够获得更大的景深效果，还具有良好的透视性能，适合拍摄恢弘庞大的场景。在24mm以下焦段，可以将其定义为超广角镜头，这种镜头视野开阔，透视性能很好，甚至有一些夸张，利于表现出景物与众不同的一面，一般可以作为外出拍摄风光的主要器材，无论是城市景观，还是一望无垠的草原、山川，都可以在这个焦段下有很好的表现力。由于视角很大，因此使用广角镜头要注意控制畸变，还要避免画面元素过多造成主题不明显。

光圈：F14.0　快门：1/125s　焦距：16mm
ISO 感光度：100　曝光补偿：−0.3EV

广角镜头视角较大，能够在画面中容纳更多的景物，透视性能良好。

293 利用标准镜头拍摄的风光画面有何特点？

广角镜头适合拍摄大场景，有时需要拍摄一些环境中的别致小景或一些花卉等虚实对比的特写画面，则需要标准镜头来完成。利用标准镜头拍摄风光画面，摄影者可以根据不同的创作意图，运用不同的手段，拍摄出具有广角镜头或长焦镜头的效果。当镜头靠近被摄体，使用大光圈拍摄特写或近景时，就可以获得背景虚糊，类似中长焦镜头的效果；当镜头对焦于远处的中景、全景的景物时，使用小光圈拍摄，可以使画面中的远近景物都很清晰，获得广角镜头的拍摄效果。标准镜头在摄影创作中具有不可低估的作用。

光圈：F18.0　快门：1/200s　焦距：35mm
ISO 感光度：200　曝光补偿：+0.7EV

利用标准镜头拍摄的画面与人眼的感觉最为相似，摄影者可根据拍摄对象来决定画面要表现出的广角或长焦的效果。

294 **利用长焦镜头拍摄的风光画面有何特点**？

拍摄大场景的风光画面时，利用广角镜头或标准镜头无法拍摄清楚远处的景物，这时准备一只焦距为100mm以上的长焦镜头是非常有必要的。长焦镜头视角相对较小，拍摄景物的空间范围小，适合拍摄远处景物的细部和不易接近的被摄体，如拍摄远处的山峰或花卉特写等。长焦镜头拍出的画面很有压缩感，能明显地夸大远景，压缩景深，使远景与近景紧紧贴在画面上，少了广角镜头带来的纵深感，但营造出的画面风格比较另类、大气。长焦镜头还可以有选择地裁切画面，更为方便地去除画面的干扰项，使主体得到有效突出。长焦镜头对于相机的稳定性有很高的要求，建议使用三脚架辅助拍摄。

光圈：F8.0　快门：1/160s
焦距：400mm　ISO感光度：100
曝光补偿：−1.0EV

　　长焦镜头可以将远处的景物拉近，明显地夸大远景，压缩景深，营造出的画面风格比较大气。

295 **三分法构图适合拍摄哪类风光**？

三分法构图是风景摄影中最常用到的构图形式之一。对于风光摄影来说，三分法构图常适用于大场面自然风光的拍摄，例如大海、大片森林、草原等带有地平线的风景，因为地平线就是最为方便、简单、好用的线条，能够非常自然、流畅地分割天空与地面。摄影师在构图过程中，需要根据实际拍摄环境，决定地平线位于画面的上1/3处还是下1/3处，如果天空的云层非常有气势，可以考虑将分割线置于画面的下1/3处，反之则可以以画面上1/3处为分割线。

光圈：F16.0　快门：1/200s
焦距：300mm　ISO感光度：250
曝光补偿：+0.7EV

　　如果天空的云朵比较有表现力，可以适当取大面积的天空，这样可以使画面整体更有气势。

黄金构图法适合拍摄哪类风光作品？

黄金构图法常适用于拍摄建筑、夕阳等有较为明显的趣味中心或视觉中心的风光作品。实际拍摄时，将构图中需要重点表现的对象安排在4个黄金构图点附近，以更好地发挥主体在景物画面上的组织作用，有利于协调和联系周围的景物，使主体景物更加鲜明、突出。例如，拍摄日出、日落的美景时，将太阳放在黄金构图点的位置，可突出太阳，带给欣赏者较好的视觉效果。

光圈：F9.0	快门：1/50s
焦距：16mm	ISO 感光度：100

　　画面中将田野上的一棵树置于黄金构图点的位置，可以极大地吸引欣赏者的注意力。

线条在风光摄影中的地位是怎样的？

线条是摄影构图的骨架，是作品形象化的重要保障。线条在画面中可以起视觉引导线作用，引导观者视线随线条延伸，使画面充满立体感及韵律感。风光摄影中可以起线条作用的景物有河流、山间小路、笔直的树木等，不同的线条能给观者以不同的视觉形象：水平线表示稳定和宁静，垂直线表示庄重和力量，斜线则具有生气、活力和动感，曲线和波浪线会使影像产生节奏感。构图时可灵活地运用线条，把观者的注意力引向被摄物，从而使画面中不同的景物联系在一起，或由它们来表现画面的纵深和动感，使作品效果更加出众。

光圈：F18.0　快门：1/80s　焦距：19mm
ISO 感光度：200　曝光补偿：−1.0EV

　　河流的线条向画面远处延伸，引导欣赏者的视线，这样营造的画面比较有气势，需要注意的是，要确保远处的建筑比较清晰，因此要使用较小的光圈。

没有明显主体的场景中对焦位置应该选在哪里？

在拍摄风光画面时，有时会遇到没有明显主体的情况，这时应该怎么办呢？画面可以没有主体，但不能没有主题，只要保证拍摄的主题非常鲜明，并充满感情，同样会给观者带来好的视觉和情感体验。在处理没有明显主体的场景时，为防止画面缺失主体而显得凌乱，摄影者需要在取景时尽可能提炼构图元素，让画面简洁、简单一点，并且围绕一个主题展开。

光圈：F5.6　　快门：1/160s
焦距：200mm　ISO 感光度：100

　　当画面中没有明显的主体时，可以利用光影、色彩、线条等来表现出画面的主题，但应注意，画面要简洁。

为什么说斜射光是风光摄影的最佳光线？

对于摄影而言，就是要用光线的多样性来表现主题。在前斜射光照射时，被摄体上形成明显的受光面、阴影面和投影，画面的明暗反差和影调层次鲜明清晰，画面深度增加，空气透视现象明显，有利于表现被摄体的空间深度感和立体感。在后斜射光照射时，更利于突出被摄主体的轮廓线，这对于表现主体的形态非常有帮助。

光圈：F13.0　　快门：1/15s
焦距：90mm　　ISO 感光度：100

　　斜射光照射时，画面的明暗反差大，影调层次清晰，画面立体感强烈。

倒影在风光画面中有什么作用？

倒影是日常生活中经常见到的景色，巧妙地利用倒影会使画面产生意想不到的效果。利用倒影与实体形成的对称，可使构图丰满、均衡、和谐，从而能够给人以宁静之美；利用倒影的变形（如晃动、扭曲、变形的倒影），可以给人以丰富的多层次的联想。倒影动荡变化，分化成不同形状、不同情调的幻影，通过动与静、曲与直的对比，又赋予实体以活力。

光圈：F9.0　　快门：1/250s
焦距：24mm　ISO 感光度：100

倒影可以为画面增添趣味，使构图平衡、和谐。

大场景的风光画面适合使用哪种机位拍摄？

机位决定主体与环境在画面中的关系，好的机位才能使画面主次分明，并然有序。大场景的风光画面主要是表现恢弘庞大的气势，因此一般在拍摄高度上需要高机位俯拍，这样能够将远处的景物呈现在画面中，此外，近大远小的透视规律还可以使拍摄的画面更具深度和广度。在拍摄距离上要根据空间范围、数量规模、空间关系等整体视觉信息选择合适的距离，从而表现景物的整体感与层次感。

光圈：F16　　　快门：15s
焦距：100mm　ISO 感光度：100

在山顶拍摄风光画面时，相机处于高位，可以在画面中容纳更广阔的场景，画面显得恢弘、有气势。

302 如何表现春天的生机和明媚？

春天阳光明媚，万物复苏，虫鸣鸟跃，生机盎然，自然界的色彩开始丰富起来，公园、野外等充满嫩绿色彩的环境、五彩斑斓的花花草草等，都是风光摄影的主角。摄影者可利用广角镜头配合小光圈，拍摄春日环境的整体变化，展现春天生机盎然的气息，也可以通过长焦镜头或者微距镜头，对春天的一花一草进行特写，春日的色彩会使画面显得活力十足。

光圈：F2.8　　快门：1/1000s
焦距：105mm　ISO 感光度：160

春天，处处洋溢着生机与活力，利用花草的色彩来表现春天，可以使画面充满活力。

303 如何表现夏天的浓郁和繁茂？

夏季浓郁的绿色是展现夏之繁茂最好的色彩。摄影者可以通过中景、远景拍摄公园、山林、庭院中枝繁叶茂的盛夏景象；也可以拍摄荷花等特写展现夏日的别样清新。由于夏天气温高，光线照射强，景物容易受光照的影响而造成过高的明暗反差，因此拍摄时注意画面整体曝光要准确。对于光照强烈的场景，可以选择较小的光圈和较快的快门速度来进行拍摄；对于某些处于阴暗位置的特殊场景，可使用点测光的方式进行准确测光。在拍摄时间上要尽量避免光照强烈的正午。夏季多变的天气也是拍摄重点，大雨过后，空气中的尘埃会被雨水冲刷干净，空气比较通透，摄影者可以拿起相机走出户外，拍摄翻滚的浓云，略带水汽的环境，都会给人一种湿润凉爽的感觉。

光圈：F11.0　 快门：1/180s
焦距：35mm　ISO 感光度：200

夏季牧场水草丰盛，马儿在悠闲地吃草，画面呈现出大气、繁盛的景色。

304 如何表现秋天的收获和幸福？

秋天是收获的季节，大自然赋予了秋天丰富的色彩和柔和的光影，加上通透的空气，再搭配上蓝天白云，如同画卷一般。秋季是摄影师们最爱的季节，丰富的色彩使画面具有极强的感召力。在拍摄秋天的景色时，要突出把握秋天的黄、红两大色调，可以拍摄蓝天白云搭配枯黄或风霜染红的枝叶的场景，也可以拍摄透光的红叶或黄叶的表面纹理、成熟的果实等特写，还可以利用手中的长焦镜头或者微距镜头拍摄菊花等秋花，表现其婀娜的身姿或风霜傲骨的精神。无论是大场景的题材还是长焦镜头下的景物特写，在摄影者的镜头中都呈现出一种暖色系的感觉，可以给人收获与幸福的心理感受。

光圈：F20.0　　快门：1/250s
焦距：105mm　ISO 感光度：100

秋天是收获的季节，画面中整齐摆放的玉米以及舞动的鹅都表现出了丰收的喜悦。

305 如何表现秋天的秋高气爽？

秋天的天空魅力无限，其本身具有丰富多彩的色彩变幻能力，加之云彩形状的变幻，足以让人为之沉醉。在表现秋天的秋高气爽时，可以在画面中纳入天空，如果还有白云点缀，那么更能突出秋高气爽的感觉。为了使蓝天表现得更蓝，应尽量避免由于测光问题而导致天空曝光过度的情况。具体拍摄时可以对景物进行测光，然后根据实际情况适当减少曝光补偿，从而保证天空的曝光正常，以突显蓝天、白云的效果。

光圈：F8.0　　快门：1/250s
焦距：40mm　ISO 感光度：200

蓝天上点缀着朵朵白云，加上通透的空气，给人秋高气爽的感觉。

306 如何表现冬天的萧瑟和落寞？

冬天花草凋零、树木枯败，容易使人产生萧瑟、落寞的感觉。在拍摄此类题材的画面时，可充分利用环境的渲染作用，使画面格调偏于冷清。凌厉的寒风、枯黄的野草、单调的风景、冷硬的岩石等都可以很好地营造荒凉的画面氛围，从而更好地表现冬天的萧瑟和落寞。

光圈：F8.0　　快门：1/250s
焦距：40mm　ISO 感光度：200

　　大片的冰面加上挂满雾凇的树，画面给观者荒凉、萧瑟的情感体验。

307 如何表现冬天的白雪皑皑？

拍摄冬天的风景，雪景最为经典，天地一片白色景观，让人感觉纯洁萧瑟。冬天的雪景美丽且颇具风情，美中不足的是色彩较为单一，不过可以利用雪中物体的层次与线条变化来弥补。拍摄雪景时，曝光与构图的手法非常重要，雪景的反射率高于反射率为18%的中性灰，如果按照18%的反射率来进行曝光，则画面中的雪景会曝光过度；如果直接对雪进行测光，则画面中的深色景物又会曝光不足。因此在拍摄冬季雪景时，对准主体进行测光，同时增加一定量的曝光补偿，防止雪景发灰。

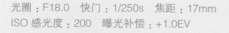
光圈：F18.0　快门：1/250s　焦距：17mm
ISO 感光度：200　曝光补偿：+1.0EV

　　拍摄雪景时，可在画面中纳入一些深色景物，防止画面过于单调，另外，为了避免雪景发灰，可增加一定的曝光补偿。

日出日落的最佳拍摄时间是怎样的?

许多摄影者喜欢在日出日落时进行摄影，因为此时拍摄的画面能较好地表现被摄体的立体感与质感，同时色温也较低，能够使拍出来的景象具有很好的暖色调，表现力极强。太阳刚从地平线上升或太阳即将西沉的时候，天空中都有朝霞或晚霞遮盖着太阳散射的光线，而显现出一轮没有光芒散射的圆圆的太阳，这就是拍摄日出或日落的时候了。太阳刚出或刚落时，地平线上的天空常常会有一些逆光的有色云彩，可等到太阳云彩没有光芒散射时拍摄日出或日落景色。这样，不但可避免太阳散射而在底片上产生光晕，并可使画面中的天空部分不致过于单调。

光圈：F8.0　快门：1/350s　焦距：60mm
ISO 感光度：400　曝光补偿：−0.5EV

日落时，晚霞染红了天空和云彩，画面充满暖意。

日出日落适合怎样的构图形式?

日出日落时，天空中弥漫着淡淡的雾霭与云霞，是一天中最美的情景。在构图时可利用三分法构图将地平线置于画面中三等分线的位置上，这样的照片会显得比较有平衡感。此时如果想表现日出时的上升感，可将拍摄主体放在画面下方1/3处，给天空留出较大空间；反之，要表现日落时的降落感觉，可将太阳放在画面上方1/3处。另外，太阳最好放在关键的构图点上，太阳周围纳入一些云层较好，以免显得太单调。如果画面中有一些小树、小草作为前景，则会使拍摄的画面更有感召力。

光圈：F22.0　快门：1/250s
焦距：200mm　ISO 感光度：600
曝光补偿：+0.5EV

利用三分法拍摄海上日出的景色，太阳置于黄金构图点的位置附近，画面给人平静、祥和的感受。

310 拍摄太阳时能否完全避免眩光？

拍摄太阳时，光线直射进入镜头时就会引起眩光，因此完全避免眩光是不可能的，只能通过有效的措施来减少、避免眩光。合适的遮光罩有助于减少眩光，同时使用小光圈可减少这些光斑。不过眩光并不一定都是坏事，巧妙地利用眩光形成的光斑进行构图，可能会得到意想不到的效果。

光圈：F22.0　快门：1/200s
焦距：16mm　ISO 感光度：100

拍摄太阳时，眩光有时是不可避免的，巧妙地利用眩光进行构图，可以为画面带来不一样的感受。

311 在太阳照射的白天，哪个时间段适合拍摄风光作品？

天中不同的时间段，太阳的位置和照射角度是不同的，光线的强度与色温也不相同。风光摄影中要特别注意色调的变化，因此需要掌握好拍摄时机。与早晨变幻莫测的光影效果不同，上午和下午的光线没有绚丽的红橙效果，并且光源方向、质地和亮度等方面都非常稳定。在上午8:00～10:00、下午14:00～16:00这段时间内，摄影者都可以从容地进行取景、采光和曝光操作。但是，这两个时段的光线往往比较平淡，太阳光线柔和，亮度适中，色温也接近人眼的感受范围，画面会比较真实并且色差不会太大，要获得与众不同的拍摄效果，摄影者就要从影调、构图、色彩等多方面进行考虑。

光圈：F13.0　快门：1/125s　焦距：18mm
ISO 感光度：200　曝光补偿：−0.3EV

上午或下午的光照不太强烈，画面色差不大，摄影者可在构图、光影方面下足功夫。

312 怎样拍摄出太阳星芒的效果？

太阳星芒给人以美轮美奂的感觉，在拍摄时要注意光圈与快门的调整，否则容易曝光过度。具体拍摄时，可对天空进行测光，配合以极小的光圈，选择合适的快门进行拍摄。在光线很强时，还可以利用中灰镜等滤镜来减弱进入镜头的光线，从而拍摄出太阳星芒的效果。

光圈：F20.0　快门：1/50s
焦距：16mm　ISO 感光度：100

　　在拍摄太阳的星芒效果时，应使用小光圈进行拍摄，防止画面曝光过度。

313 怎样拍摄出太阳清晰的轮廓？

在拍摄太阳时，容易出现太阳与周围的景物浑然一体、无法分辨出太阳轮廓的情况。如果想要拍摄清晰的太阳轮廓，应选择采用点测光的方式来进行测光，对准太阳周围较亮的云层进行测光，然后锁定曝光量，再重新进行画面的构图，并采用长焦或者特写来进行拍摄，就可以得到清晰的太阳轮廓了。

光圈：F3.2　　快门：1/6400s
焦距：400mm　ISO 感光度：100

　　利用点测光的方式对准太阳周围较亮的云层进行测光，然后重新构图拍摄，可得到清晰的太阳轮廓。

怎样让日出日落的画面色彩更加偏红或橙色？

日出日落时，色温较低，容易在画面中形成偏红或橙色的暖色调。相机内设定的各种白平衡模式是在设定的色温条件下测定的，能够大致反映出相应环境中的白平衡，但并不是十分精确，特别是在一些比较特殊的天气条件下。例如，日出或日落时的色温值可能为5000K左右，使用日光白平衡（色温值约为5200K）拍摄此刻的画面，要高于现场实际的色温值，这样拍摄出的画面效果会比实际更加偏红。如果打算增强日出日落时的画面效果，可以适当提高色温值，使画面色彩更加偏红或橙色。

光圈：F7.1　　快门：1/250s
焦距：19mm　　ISO 感光度：200

拍摄日出日落时，可以稍微提高一定色温拍摄，则画面的色彩和氛围会更浓郁。

以点测光模式拍摄日出日落，测光点应该选择在哪个位置？

使用点测光模式拍摄日出或日落时，不能对着太阳测光，以防止画面中的暗处曝光不足。摄影者可以根据天色的情况，选取画面中有代表性的中灰亮度部位进行测光，如对着上方的天空部分进行测光，测光完成后可以锁定曝光量，再进行构图调整，记录下日出日落完美的画面。

光圈：F8.0　　快门：1/125s
焦距：12mm　　ISO 感光度：200
曝光补偿：+0.5EV

拍摄日出日落画面时，可对准太阳周围较亮的云层或天空进行测光，不能直接对准太阳进行测光，以防止照片暗处曝光不足。

316 正午拍摄的风光画面色彩有什么特点？

正午一般光线较强且多照射在景物的顶部，强光使景物表面的固有色被冲淡，无法还原真实的画面色彩，而顶光会使景物中突出的部分在凹处产生投影，使画面明暗反差较大，影调对比生硬。不过，利用正午时分的光线反光点营造出高光效果，能够很好地显现主体的质感。由于正午色温较高，所以拍摄的画面略偏蓝色。

光圈：F11.0
快门：1/1000s
焦距：35mm
ISO 感光度：200
曝光补偿：−1.0EV

正午拍摄的画面色彩被强光冲淡，不利于还原画面的真实色彩。

317 正午拍摄的风光画面影调有什么特点？

正午拍摄的景物，景物的亮度间距比较大，反差大，影调较为生硬。顶光使景物产生的投影集中在被摄体的下部，因此也不能较好地表现被摄体的立体感与纵深感，使得画面的影调层次感不强。

光圈：F13.0　快门：1/200s
焦距：16mm　ISO 感光度：100

正午拍摄的画面由于太阳光从正上方直射下来，景物的阴影位于下方，因此影调层次感不强。

室外晴天时怎样使拍摄的天空云朵层次清晰？

318

天空中的云朵变幻莫测、宏伟神奇，要想拍出云朵的层次感，最重要的是选择合适的、有层次感的云朵进行拍摄。其次，拍摄云朵时要特别注意曝光问题，善用曝光补偿，一般是以天空中中等亮度的云进行测光，在此基础上减少曝光补偿，从而使蓝天、白云都能得到清晰的表现。

光圈：F11.0　快门：1/350s
焦距：14mm　ISO 感光度：200

要拍摄出层次清晰的云朵，可选择天空中的几片有特点、有层次感的云彩来表现，注意不要对准最亮的云朵进行测光，以防画面曝光过度。

怎样拍摄出云层动态的感觉？

319

当太阳从某一角度照射在云层的边缘或当一小块云遮挡住太阳时，云层会因太阳的存在活力十足。也可以巧妙地利用地面景物，将白云作为景物的背景，以景物之静衬托云朵之动，此时云彩成为陪衬体，一般采用仰视的视角，将天空纳入画面中，以起到美化作用。

光圈：F8.0
快门：1/500s
焦距：12mm
ISO 感光度：125

占画面大部分面积的天空中，云朵呈放射状排列，给人动态的感觉。

320 雨中摄影应该注意什么问题？

拍摄雨景时，或大雨滂沱，或小雨朦胧，抑或是表现雨滴落下如丝般的感觉，摄影师都需要根据所要表现的雨的气势来选择合适的背景。雨天拍摄，还要注意保护器材，防止雨水进入相机内部，即使是防水的相机，如果不能有效遮挡，也不应暴露在雨中。

雨中摄影时，应注意保护器材，最好选择带防雨罩的摄影包。

321 拍摄晨雾时为什么经常使用包围曝光？

拍摄晨雾时，曝光准确性是一个至关重要的问题。晨雾是不断变化的，加之其浅色调为主的色彩，往往不能很好地掌控曝光量。利用包围曝光可以有效地解决这个问题，包围曝光能够自动在正常曝光的基础上以不同的曝光组合连续拍摄多张照片，从而保证总能有一张符合摄影者的曝光意图，保证曝光的准确度，提高了照片质量。

曝光补偿：−0.5EV

曝光补偿：0EV

曝光补偿：+0.5EV

利用包围曝光法拍摄的3张照片，然后可以从中挑选出1张曝光最准确的照片。

拍摄晨雾时的曝光补偿通常怎样使用?

晨雾拍摄对于曝光的要求很高，雾气的层次与质感有赖于正确的曝光。雾景画面主要以浅色调为主，只有较少的内容为深色调，如果按照正常测光往往会出现曝光不足的情况，因此在拍摄晨雾时要适当增加曝光量，即测光时增加1挡左右的曝光量，以保证正确的曝光。

光圈：F13.0　快门：1/50s　焦距：100mm　ISO 感光度：100　曝光补偿：+0.7EV

拍摄晨雾时，为防止画面曝光不足，应增加一定的曝光补偿。

怎样拍摄乌云翻腾的气势?

单独地拍摄乌云，一般很难表现其磅礴的气势，在画面中适当增加山峰、树木、岩石等景物作为前景，利用乌云密布给前景带来的压迫感，可增强画面气氛，传达作品给人带来的视觉感受。此外，灵活运用光线明暗表现的层次感，能够更好地表现风雨将至时的乌云气势。

光圈：F9.9　快门：1/250s
焦距：16mm　ISO 感光度：200

山峰衬托着厚重的乌云，给人一种"山雨欲来风满楼"的感觉。

怎样拍摄出太阳透过云层的边缘光？

太阳透过云层呼之欲出，边缘光线呈放射状喷洒在大地上，霞光万丈。清晰明亮的阳光与云层带来的阴暗形成鲜明对比，显得耀眼而平和，和谐而静谧。拍摄时，注意曝光的准确与构图的新颖，使用点测光模式对云层中的灰色部分进行测光，配合以小光圈与合适的快门，即可拍出光芒万丈的画面。

光圈：F11.0
快门：1/90s
焦距：65mm
ISO 感光度：200
曝光补偿：-1.0EV

太阳透过云层洒下万丈光芒，画面非常有气势。

拍摄闪电时要使用哪种拍摄模式？

闪电一瞬即逝，采用自动拍摄模式一般无法满足闪电拍摄的需要，因此拍摄闪电时，需要使用M挡手动模式。为保证画面质量，减少噪点的产生，ISO感光度一般不要超过200，并开启降噪功能。使用F8.0以上的中小光圈，以保证景物的清晰。手动对焦于无穷远处，如果无穷远处有合适的对焦点也可以选择自动对焦，设定慢速快门等待闪电来临进行拍摄。

光圈：F8.0
快门：6s
ISO 感光度：200
焦距：24mm
曝光补偿：0EV

通过长时间曝光，闪电与地面景物都清晰地展现了出来。

326 拍摄山景时，通常的构图形式有哪些？

山的形状多种多样，但都存在山棱线，灵活利用山的棱角形成的线条进行构图，便能拍摄出富有表现力的山川美景。常用的山景构图形式除了黄金分割、三分法构图以外，还有三角形构图、斜线构图、对角线构图、垂直线构图、对比构图等构图方式，应用时需根据所要表现的画面主题及山体本身的形状选择合适的构图方式。

光圈：F9.0　　快门：1/400s
焦距：200mm　ISO 感光度：100

利用三分法拍摄山景，将骆驼置于黄金构图点上，吸引观者视线。

327 逆光拍摄山景有什么特点？

逆光拍摄山景，山体背光面被阴影所掩盖，以简洁的线条突现在画面之中，较好地显现了山体的轮廓，与画面的光照部分形成鲜明对比。取景时可以将画面的暗部置于前方，通过明暗对比来处理山的全景。大光比、高反差的山景给人以强烈的视觉冲击感，大大增强了画面的艺术效果与视觉感染力。

光圈：F13.0
快门：1/180s
焦距：55mm
ISO 感光度：400

逆光拍摄山景，山体的背光面被阴影掩盖，与亮处形成明暗反差，很好地突出了山脊的线条。

328 顺光拍摄山景有什么特点？

顺光能不加修饰地表现被摄物的本来面貌，色彩较朴实，饱和度和透明度也较好。在顺光照射下，山景均匀受光，阴影较少。画面一般较为明亮，色彩还原充分，但缺少明暗层次，不容易表现山体的立体感和质感。顺光拍摄山景的画面一般较为平淡，不易拍出富有表现力与冲击力的作品。

光圈：F14.0　快门：1/125s
焦距：16mm　ISO 感光度：100

顺光拍摄山景，能够还原山体的本来面貌，但画面较为平淡，缺少影调层次。

329 斜射光下拍摄山景有什么特点？

斜射光下拍摄景物，由于光线斜照景物，景物自然会产生阴影，显现明暗的线条，使景物呈现出立体的感觉。拍摄山景时，要注意阴暗部分色调的深浅，最好以中性灰为测光基础，使景物阴暗部分的层次能够充分显示出来，使画面层次丰富。斜射光是几种基本光线中最能表现层次、线条的光线，也是最能表现山川魅力的采光。

光圈：F9.0
快门：1/80s
焦距：25mm
ISO 感光度：200
曝光补偿：-1.0EV

在斜射光照射下，画面影调层次表现较好，突出了山体的立体感。

330 仰拍山景有何种特点？

采用仰拍的方式拍摄山体，会有高耸入云的感觉，具有非常强的压迫感和视觉冲击力。但也有一个问题，这类景观如果没有较好的影调对比或景物衬托，容易显得立体感不足，因此在取景时就要考虑采光与构图问题。斜射光可以在局部山体上投射出明暗对比的感觉，增强画面的立体感和空间感；构图时如果能纳入一些白云或山间雾气，则可以丰富画面元素，使其不会显得单调。

光圈：F8.0　快门：1/320s
焦距：24mm　ISO 感光度：200
曝光补偿：−0.3EV

仰拍山体时，可以给人高耸入云的感觉，画面立体感和压迫感强烈，以白云作为陪衬，可以使画面内容更加丰富。

331 怎样俯拍连绵起伏的山川？

俯拍山川时，摄影者应尽量站在高处，相机的位置高于被摄体，这样视野开阔，场面宏大，能够较好地表现山景的全貌与山川宏伟的气势。同时，俯视角度下，能够较好地表现山川景物的顶部特征，增强山体的立体效果，还能较好地表现景物的数量与层次，画面会显得构图饱满，严谨实在。

光圈：F22.0
快门：1/6s
焦距：60mm
ISO 感光度：200
曝光补偿：−0.5EV

俯拍连绵的群山时，应站在高处，可以拍摄出视角开阔的画面，表现了山川的宏伟气势。

从远处拍摄山景时怎样选择前景？

前景在山景拍摄中具有十分重要的作用，适当地留取前景有助于陪衬画面，增强画面的纵深感和层次感，将场景中的元素联系到一起，使画面更加丰满、立体。前景的选择不要过于复杂，否则会分散观众对主体的注意力，一束花丛、一块石头或者是山间小溪，都能成为很好的前景，还要注意把握前景在画面中所占的面积，以免给人以喧宾夺主的感觉。

光圈：F2.8　　快门：1/250s
焦距：12mm　ISO 感光度：100

　　利用一丛杂草作为前景，使观者视线由杂草过渡到山体上，这样山体不会显得太突兀，而且增强了画面的层次感。

前景的线条对于山景画面有何影响？

前景能够有效引导观众视线，使其从前景移动到主体上。在拍摄山景时，可以从中发现很多线条，如山间的小路、山的轮廓线、笔直挺拔的树木、清澈见底的小溪等。合理利用前景的线条，在画面中呈现出暗藏的引导线，会使画面大放光彩，这时观众的视线就会沿着画面中的这条脉络一直延伸到远景，增强画面的视觉冲击力与表现力。

光圈：F13.0　快门：1/160s
焦距：28mm　ISO 感光度：200
曝光补偿：－0.7EV

　　山景前的河流、小桥等线条可以将欣赏者的视线引导向主体，并可以增加画面的深度和空间感。

334 从远处拍摄山景时怎样选择背景？

风光摄影不但讲求主体的选择及安排，还要重视对于背景的处理，背景对突出主体形象以及丰富主体的内涵都起着重要的作用。从远处拍摄山景时，可以根据画面情况选择合适的背景，蓝色的天空、升腾的云烟、飘缈的白雾、夕阳云霞等都可以用作背景。背景要力求简洁、纯净，视觉元素精炼，与所要表现的画面主体影调和谐统一。

光圈：F16.0　快门：1/30s
焦距：40mm　ISO感光度：200
曝光补偿：+0.5EV

以夕阳云霞作为山体的背景，极大地丰富了画面色彩，赋予山体别样的美。

335 长焦镜头下的山峰画面有何特色？

山脉之间一般距离较远，而使用长焦镜头能够有效地压缩山峰主体之间的视觉距离，使主体在画面上不至于松散。利用长焦镜头拉近远方的景象，还能使处于杂乱环境中的被摄主体得到突出，这样就可以将被摄体充满画面，使构图更紧凑。把握好长焦镜头的特点，可以将寻常场景拍出不寻常的效果。

光圈：F11.0
快门：1/350s
焦距：180mm
ISO感光度：200

长焦镜头能够拉近远山，而且能够压缩山体之间的距离，使构图更紧凑。

直幅山景画面有何特点？

直幅山景画面具有较强的画面纵深感，因此常用来突出表现高山的雄伟气魄与巍峨的气势。构图时，可巧妙利用山脉表面的形状，描绘出高山的雄姿与险峻。在利用直幅画面强调山的高度时，重要的是画面上方尽可能不要留出空间，可以巧妙地将层叠的山棱线摄入镜头，来表现山川富有动感变化的雄壮气势。

光圈：F11.0　快门：1/60s　焦距：40mm
ISO 感光度：200　曝光补偿：−0.5EV

直幅山景画面用来突出表现山体的雄伟，层叠的山脊线条使画面层次更加丰富。

横幅山景画面有何特点？

横幅山景画面可以较好地展现山脉的延伸、广袤，也可以很好地表现山脉的波浪式线条,常用于突出山脉沉稳的安定感。横幅在山景画面中应用相对较少，摄影师可以根据拍摄的场景以及想要表现的主题来选择合适的画幅。

光圈：F16.0
快门：1/90s
焦距：12mm
ISO 感光度：125
曝光补偿：+0.5EV

横幅构图的山景画面可以较好地表现山体的辽阔感和稳定感，给人大气的感觉。

怎样利用林木衬托山势?

用林木来衬托山势，一般常把林木作为画面的前景，以林木之矮小衬托山势之雄伟高大。具体拍摄时，可以利用树林所呈现的垂直线，将观者视线巧妙地引导到山体顶部，同时将山顶紧贴在画面的上方配置，尽可能减少天空的空间，这样便可以营造出山体的高度感。

光圈：F11.0
快门：1/160s
焦距：20mm
ISO 感光度：200
曝光补偿：−1.0EV

山体前的树木可以使观者视线自然地过渡到远处的山体上，不至于使画面显得过于突兀，而且突出了山体的雄伟气势。

怎样利用岩石衬托山势?

岩石能够很好地表现山势跌宕，峰峦陡峻。在具体表现山势时，可以取其细部，以小见大，即在山体中选取有特色的岩石作为主体，用岩石本身的光怪陆离来表现山势；也可以将岩石用作前景，将观者视线引向巍峨的山脉，利用山脉自身的线条进行构图，使画面饱满，显得有层次、有深度、富有感染力。

光圈：F11.0
快门：1/160s
焦距：18mm
ISO 感光度：200

将山上的岩石作为主体，突出了山势的险峻，画面极富感染力。

340 **怎样拍摄山水相依的优美画面**？

山因水的存在而灵动，水因山的衬托而柔美，拍摄山水相依的风景照片，要巧妙地利用山间的地形特征，将山水巧妙地融合于一幅画面中。拍摄前要预先在画面中安排好重点表现的素材，接着将山与水及周边植物的色彩融入到画面中，拍摄出富有平衡感的照片。广角镜头能够更好地表现山水相依的距离感与层次感，拍摄效果更好。

光圈：F8.0
快门：1/400s
焦距：70mm
ISO 感光度：100

远山与近处的水景相衬托，再搭配草原上悠闲吃草的马儿，画面灵动而柔美。

341 **怎样表现山间建筑的意境**？

拍摄山间建筑，切不可将建筑与山体、树木等背景隔离开来。山体、树木等背景能为画面渲染一种清净、优雅的氛围，能够更好地表现主体，体现山间建筑的意境。拍摄时，要注意根据所要表达的主题来选择合适的背景，使画面整体色彩协调、统一，更好地表现山间建筑的意境。

光圈：F11.0　　快门：1/320s
焦距：350mm　ISO 感光度：200
曝光补偿：−0.3EV

几栋建筑掩映在山下的树林中，为画面增添了意境。

342 山间云海适合哪种机位拍摄？

拍摄云海时应当尽量避免顺光拍摄，因为顺光会使云海色彩趋于平淡。斜射光和逆光条件下云海都有很好的影调层次，因此可以选择在云海的背面或者侧面拍摄。拍摄云海的地点应随云海形成的不同高度而定，选择平拍或俯拍能够更好地表现云海宏伟神奇、变幻莫测的特点与呼啸奔腾、惊涛拍浪的气势。

光圈：F13.0　快门：1/400s　焦距：24mm　ISO 感光度：200　曝光补偿：−0.3EV

拍摄山间云海时，机位应根据云海的位置而定，本画面为平视拍摄，表现出云海的宏伟气势。

343 拍摄山间云海时的曝光是怎样的？

准确的曝光是照片成功的一半，拍摄云海更是如此。云海为白色的，环境反射率要高于18%的中性灰，因此在拍摄大面积的云海时要增加一定量的曝光补偿，否则会拍出发灰的效果，影响照片质量。

光圈：F8.0　快门：1/90s
焦距：85mm　ISO 感光度：200
曝光补偿：+0.5EV

拍摄大面积的云海时，为防止云海发灰，应增加一定量的曝光补偿。

344　拍摄山间云海适合怎样的构图形式？

拍摄山间云海时，在构图比例上依然要遵循三分法的构图形式。拍摄云海要避免画面的单调与乏味，不能只拍摄云海，通常在构图时要加上一些其他元素来进行陪衬，如远处若隐若现的群山，近处的岩石、树枝等。将这些前景、背景与云海主体通过三分法进行配置，能够很好地表现云海的层次感与空间感。

光圈：F5.6　　快门：1/30s
焦距：24mm　ISO 感光度：640

利用三分法拍摄云海，前景为花草，背景为天空，中间区域为重点表现的云海，画面给人均衡、和谐的美。

345　怎样拍摄森林冬季的美景？

冬季的森林雪景是摄影师常用来表现的题材，积雪覆盖的森林被大自然披上了白色风衣，给人以美轮美奂的感觉。拍摄森林雪景时，要特别注意画面的构图和曝光问题，构图时要注意明暗影调的对比，避免画面白茫茫一片，可以通过在画面中纳入深色调的林木进行调节；曝光时要注意曝光补偿的问题，否则可能会使雪景发灰。

光圈：F14.0　　快门：1/250s
焦距：16mm　ISO 感光度：200

冬季，被白雪覆盖的森林宁静而美丽，白雪与深色调的树木搭配，突出了画面的明暗与影调层次。

怎样拍摄森林秋季的美景？

秋天的森林色彩斑斓，红色、黄色、绿色让人目不暇接，美不胜收，可以表现的对象也很多，枯黄的树叶、遒劲的大树、薄雾覆盖下的整片森林都是很好的题材。利用光线照射进森林的光影效果，很容易拍摄出如画般的美景。选择合适的拍摄时间可能会有事半功倍的效果，日出日落时分，光线拉长的阴影使得画面细节部分和深度都得以显现，暖色调会使画面整体感觉温馨。

光圈：F10.0　快门：1/250s
焦距：24mm　ISO感光度：100

秋季，森林中的树木开始变黄，前景中穿过树林的河流和在河中饮水的牛儿为画面增添了几分情趣，给人悠闲自得的感觉。

单独的树木适合哪种构图形式？

树木一般是成林的，但是在一些平原地带，往往有一些树很突兀地长在那里，那么怎样拍摄这些单独的树木呢？单独的树木常用来表现树木的存在感与生命力，构图时要灵活运用树枝、树干形成的线条进行构图，让大树充满整个画面，并通过逆光塑形和夸张的构图方式使其成为画面中的绝对核心。另外，还可以大面积地运用留白的手法，使树木位于画面的黄金分割点上。此时摄影师对形状的特点和环境的选取也将发挥作用，使画面不仅写实，而且写意，赋予树木孤傲挺拔的性格。

光圈：F11.0　快门：1/125s
焦距：16mm　ISO感光度：100

将沙漠中一棵孤立的大树置于画面的黄金构图点上，能够吸引欣赏者的注意力，并使这棵树显得更加挺拔。

348 **怎样拍摄胡杨树独有的特色**？

胡杨以其妩媚的风姿、倔强的性格、多舛的命运激发人们太多的诗情与哲思。想要拍出形神兼备的胡杨，可以在杂乱的树林中选择一至两棵树枝形态奇异、树皮开裂的经典胡杨形象作为主体，之后将机位放低，使用广角端来拍出胡杨树在苍穹下千年不倒的凄美姿态，充分表现胡杨苍凉之美。

光圈：F7.1　　　快门：1/250s
焦距：360mm　ISO 感光度：100

　　在沙漠中选择几棵胡杨对其进行重点表现，以沙漠作为衬托，突出了胡杨坚韧不屈的品质。

349 **怎样表现树叶的纹理**？

拍摄树叶时，为了充分表现其纹理，可以选择一个较暗的背景，利用点测光的方式对叶片的高光位置测光，这样在画面中会形成背景曝光不足但主体曝光正常的高反差效果，使主体非常醒目、突出。在背景比较明亮的情况下，可以利用长焦、大光圈虚化杂乱的背景，以突出主体。

光圈：F2.8
快门：1/40s
焦距：100mm
ISO 感光度：400
曝光补偿：+0.3EV

　　利用点测光的方式对叶片的高光位置进行测光，并虚化背景，即可将叶片的纹理清晰呈现在画面中。

350 怎样拍摄树叶透光的奇妙景色？

树叶的透光性很好，逆光下拍摄树叶，树叶纹理清晰，晶莹剔透，艳丽无比。拍摄时，利用点测光模式对树叶的高光部分进行测光，若树叶的周围为微光的环境，可以适当减少曝光补偿，使树叶的背景变得更暗些，主体因此也更加突出。

光圈：F2.8　　快门：1/50s
焦距：125mm　ISO感光度：400
曝光补偿：−0.3EV

逆光拍摄叶片，利用点测光模式对叶片的高光部分进行测光，即可拍摄出树叶透光的景色。

351 如何利用枝叶色彩来表现秋天的韵味？

秋天大片的枝叶开始泛黄，并逐渐飘落。红、黄、绿色彩的点缀让整个秋天富有韵味。表现秋天的韵味最重要的是对于色彩的运用，利用色彩之间的对比、互补、重复、节奏等形式，表达摄影师在秋色中被感染或被唤起的情绪、情感。此外还要注意画面色调的构成与运用，秋季色彩多为暖色调，利用画面色彩营造、表达画面风格。

光圈：F5.6
快门：1/13s
焦距：100mm
ISO感光度：200
曝光补偿：−0.5EV

秋天，树叶或黄或红，搭配干枯的树干，利用逆光拍摄，使叶片晶莹剔透，突出了秋天的韵味。

352 如何表现枯木逢春的情感？

枯木在春风的吹拂下似乎又焕发了青春，在给人以欣喜的同时也赋予画面以生命的活力。具体拍摄时，以让人神清气爽的蓝天为背景，利用枯树与绿色的嫩芽形成的对比，表现树木强劲的生命力。利用树干和树枝作为构图的素材，可以表现枯树历经岁月沧桑的变化。

光圈：F8.0
快门：1/50s
焦距：48mm
ISO 感光度：200
曝光补偿：–0.3EV

江边历经寒冬的枯木萌发出新芽，令人感动。

353 拍摄大海时的三分法构图是怎样的？

良好的构图是海洋景观拍摄的关键。拍摄大海时，天空与大海之间的比例，仍然需要遵循三分法构图原则。将大海尽头与天边的交际线置于画面顶端的三分之一处，可以使海面景物占据画面的大部分区域，再搭配以合理的色彩与画面元素组合，使整个画面显得生动，突出大海之美；而如果天空中有大片的云朵，或者日出日落时分，天空中有彩霞映衬，那么可将天际线置于画面下部三分之一处，大海在天空的衬托下显得柔美、壮观。

光圈：F3.2　　快门：1/640s
焦距：400mm　ISO 感光度：100

利用三分法构图拍摄大海，可将海平面置于画面的下1/3处，但此时天空中需要有一些景物进行点缀，如太阳或云霞等，这样可使画面内容更加丰富。

354 拍摄大海时的五分法构图是怎样的？

五分法构图是将大海与天空的交际线放于画面的上端1/5处。天空在画面中占据了比较少的空间，画面的主体放在了海面上，能更好地表现大海的浩瀚无边。五分法构图时也要注意画面元素的多样化，礁石、椰树、渔船，甚至脚印，都是丰富画面很好的元素，恰当利用这些元素会使画面富有生机与活力。

光圈：F8.0　　快门：1/60s
焦距：12mm　ISO 感光度：100

利用五分法构图拍摄大海时，将海平面置于画面上端1/5处，前景的海滩上最好纳入一些石块等，避免画面单调。

355 怎样防止海景画面过于单调？

海洋是非常纯粹的蓝色，与天空颜色相同，因此容易产生色彩层次模糊、不明显的感觉。单独表现大海可能会使画面显得比较单调，巧妙地利用海面上的船只、飞行的海燕、天空中的云朵或者岸边的一些景色等作为构图的元素，能够很好地调和画面色彩，使画面显得饱满，也能给观众以和谐、稳定的感觉。如果画面中能纳入快艇、帆船等溅起的长长的白色浪花，就更完美了。

光圈：F10.0
快门：1/400s
焦距：135mm
ISO 感光度：200
曝光补偿：−0.3EV

利用曲线构图勾勒出海岸线的形状，背影为海边建筑和远山，再点缀上在海边玩耍的游人，使整幅画面充实、优美。

拍摄海面波光粼粼的美景时怎样测光与曝光？

海面波光粼粼，在阳光下容易产生强烈的反光以及投影之间的强烈反差，因此拍摄海面时，测光模式最好选择点测光或者中央重点测光，并在正常曝光的基础上适当增加曝光补偿。强烈的反射光下，相机光圈收缩，如果不适当提高曝光补偿，水面的亮度会很暗，甚至给人灰蒙蒙的感觉。

光圈：F11.0
快门：1/500s
焦距：380mm
ISO 感光度：200

波光粼粼的海面上点缀着几只帆船，画面意境悠远。

怎样拍摄如丝般轻柔的海浪？

拍摄海浪时，将快门调整到1/10～1/30s，慢速快门放缓了奔腾的海浪的脚步，这样拍摄的海浪既动感又优美，不但保留原有的流动趋势，慢门还使海浪拉成丝绸般，柔美异常。因为海浪每时每刻都在运动着，拍摄时可以利用慢速快门连续拍摄多张，可能会有意外的收获。

光圈：F36.0
快门：15s
焦距：55mm
ISO 感光度：100

利用慢速快门拍摄海浪，动感模糊的效果也非常漂亮。

怎样拍摄海浪溅起时磅礴的气势？

海浪在不同的光照下能够演绎出丰富的变化。拍摄气势磅礴的海浪，要注意光效的变化与海浪翻滚时的形状，利用高速快门、自动对焦将海浪的冲天气势瞬间凝固。一般而言，至少需要1/500s的高速快门才能实现。为了提高照片的质量，可以使用自动连续对焦模式，实现高速连拍，选择有礁石或山体的一面作为背景来构图，这样拍出来的照片既有层次感，又能将海浪气势磅礴的一面展示得淋漓尽致。

光圈：F6.3　　快门：1/1600s
焦距：220mm　ISO 感光度：100

　　拍摄腾起的海浪时，取画面中冲浪的人或天空中飞翔的海鸥进行搭配，画面会显得内容更加丰富。

拍摄海浪击打岩石的画面时要注意哪些问题？

海浪拍打岩石是最能表现海浪力量的画面，在拍摄时要注意抓取这一富有表现力的瞬间，因此要使用高速快门进行拍摄。水流激打岩石后溅起的水花非常白，而岩石通常是深色的，黑白反差较大，一般需要在相机正常曝光基础上增加0.3～1挡的曝光补偿，不要使岩石因曝光不足而变为全黑。此外，在海边拍摄还要注意做好相机的防潮防水工作，保护自己的数码相机。

光圈：F5.6　　快门：1/640s
感光度：200　　焦距：45mm
曝光补偿：+0.7EV

　　海浪击打岸边岩石，激起水花四溅，很有激情。

拍摄渔耕画面时适合选择何种拍摄机位？

牧渔耕海，展现渔民在大海中劳作的场景是海景摄影中又一主题。在拍摄此类题材的风光照片时，逆光与斜射光能在画面中形成鲜明的明暗对比与轮廓感，为了有效地利用光线，一般选择拍摄主体的背面或者侧面为主。采用高视角俯拍，能够更好地展现宏大的场面。

光圈：F8.0　快门：1/60s
感光度：200　焦距：240mm

俯拍霞浦渔耕，意境优美。

拍摄宛如镜面的湖泊时怎样构图？

拍摄湖泊时，一般会选用广角镜头来表现它的壮美，也会选用中景或者特写来拍摄湖面上的倒影，或者拍摄湖面上的枯木、落叶、游鱼，来表现湖面的宁静。在拍摄手法上，最常见的是三分法构图，让水平面位于画面上1/3处，这时的画面给人一种安详宁静的感觉，最适合于拍摄平静的湖面，能够表现出一种和谐的美。除三分法构图以外，还可以将水平面置于画面1/2处，利用对称式构图拍摄湖边景物在湖中的倒影。

光圈：F9.0
快门：1/160s
焦距：70mm
ISO 感光度：100

　　利用对称式构图拍摄湖泊，湖泊旁的景物在湖泊中呈现出倒影，为画面增添了平衡美。

怎样拍摄清可见底的小溪？

溪水给风景带来不同寻常的魅力与活力，既可以利用慢速快门来表现溪水的细腻柔韧，也可以用快速快门定格湍急的溪流，摄影者可以根据画面需求灵活掌握。拍摄溪水时，一般选择阴天，因为阴天没有大反差的直射光线，能较好地表现溪水的质感。另外，使用偏振滤镜还可以消除水面或岩石表面的反光，使小溪清澈见底，并且能看清岩石表面的纹理。

光圈：F2.8　　快门：1/160s
焦距：200mm　ISO 感光度：100
曝光补偿：-0.7EV

要拍摄清可见底的小溪，需要在镜头上加装偏振镜，滤除水面的反光。

怎样表现出溪流宛若丝织般的效果？

溪流千姿百态、婀娜妩媚，使用慢速快门可以表现小溪流水如丝线的效果。拍摄这种效果的小溪时，需要使用快门优先模式，设定1/10～5s的快门速度，对流水激打岩石溅起的水花测光，这样可以使白色水流的曝光比较准确。有时，环境光线比较明亮，即使使用最小光圈也无法获得如此慢的快门速度，那么就需要使用偏振镜或中灰减光镜来降低进入镜头的光线，从而使曝光时间变长。另外，使用三脚架可保证长时间曝光相机的稳定，以拍出更加清晰的照片。

光圈：F32.0　　快门：2.5s
焦距：200mm　ISO 感光度：100

设定较慢的快门速度，对溅起的水花进行测光，以保证水花曝光准确，并利用三脚架辅助拍摄，即可拍摄出水流如丝织般的效果。

364 怎样表现瀑布奔腾而下的气势？

瀑布的形态各种各样，面对姿态各异的瀑布，不同的拍摄手段往往会产生不同的视觉效果。一般来讲，拍摄瀑布时应采用大视角，利用稍微仰拍的手法，将瀑布拍摄得高度夸张一些，那样整体的瀑布会有压迫的感觉，气势自然就出来了，充分表现出瀑布"飞流直下三千尺"的气势。

光圈：F7.1
快门：1/800s
焦距：16mm
ISO 感光度：100
曝光补偿：-0.7EV

瀑布奔腾而下，溅起一片水花，画面气势恢弘，场面宏大。

365 使用全景构图拍摄瀑布有什么特色？

拍摄瀑布时，全景式构图保留了瀑布的全貌，使其轮廓完整，同时保留了一定范围的环境与空间，对于瀑布没有过多人为的、主观的取舍，因此能够更好地表现内容中心与活动主体，表现瀑布整体的气势。全景式构图使瀑布与周围环境之间的关系更加密切，并利用周围的环境来渲染画面的整体氛围，能够较好地表达画面的主题。

光圈：F11.0　快门：1/2s
焦距：12mm　ISO 感光度：100

全景构图拍摄瀑布，能够呈现出瀑布的全貌，突出了整体环境。

开放式构图拍摄瀑布有什么特色？

利用开放式构图拍摄瀑布时，瀑布不一定放在画面中心，甚至瀑布也可以是不完整的，以强调主体与画外空间的联系。通过突破画面构图的均衡与协调，使画面增加许多变化，也赋予了画面动感与色彩。开放式构图让瀑布超出画面范围，不仅能够展现瀑布的姿态，还能够给人画面以外的空间想象，更加强调了瀑布的压迫感。

光圈：F10.0
快门：1/2s
焦距：12mm
ISO 感光度：100

开放式构图指呈现出瀑布局部的面貌，能够留给欣赏者更多的想象空间。

拍摄瀑布时选择一个好的前景有什么优势？

前景可以交代环境特点，渲染环境氛围。在拍摄瀑布时，增加一些富有季节性特征的树木做前景，渲染季节气氛，可以使画面格调更加清新。利用前景与远处的瀑布形成明显的形体大小对比和色调深浅的对比，以调动观众的视觉去感受画面的空间距离，能有效地增强画面的空间感与透视感。前景还可以弥补画面中过多的空白，从而起到均衡画面的作用。

光圈：F7.0　快门：1/3200s
感光度：100　焦距：18mm
曝光补偿：−0.7EV

广角镜头下选择一个好的前景能够体现瀑布整体的态势和周围环境。

368 拍摄瀑布曝光时应注意什么问题？

瀑布激打岩石后溅起的水花非常白，而岩石一般是深灰色甚至黑色，黑白反差较大，相机很难顾全整体，将黑白都曝光准确。因此在拍摄瀑布时，要确保画面表现的主体水流曝光正常，岩石及瀑布周围的景物便会有一定程度的曝光不足，这时可以在对瀑布测光后，增加0.3 ~ 1挡的曝光补偿，使岩石不至于完全变成黑色，从而使画面色彩整体协调。

光圈：F4.5　　快门：1/10s　感光度：200
焦距：55mm　　曝光补偿：+0.3EV

慢速快门下的小瀑布水花，如同丝线一般，拍摄时要注意避免岩石部分过度曝光不足。

369 进入沙漠摄影时需要注意哪些问题？

相机在沙漠中最怕风沙，沙漠中的微尘无孔不入，因此要特别注意做好相机的防尘工作。为防止风沙进入镜头，进入沙漠后，最好不要轻易更换镜头；不拍的时候将镜头盖盖好；摄影间隙，最好是用软布或者塑料袋将相机包起来。此外，沙漠阳光强烈，要避免镜头直对太阳进行拍摄。

370 在哪种光线照射下适合表现沙脊的线条？

斜射光照明下，沙丘的投影落在侧面，画面中明暗阶调各占一半，能比较突出地表现沙丘的立体感、表面质感和空间纵深感，也能较好地表现沙脊的线条。利用斜射光拍摄沙漠风景，画面层次丰富，立体感和空间感很强，光线很强的情况下会造成光比过大，应注意画面反差的调节。

光圈：F18.0　　快门：1/100s　焦距：120mm
ISO 感光度：500　曝光补偿：+0.7EV

斜射光照射到沙丘上，会在沙丘的两侧形成明面和暗面，可以很好地表现出沙脊的线条。

371 沙漠中有哪些非常具有表现力的拍摄对象？

沙漠给人的第一印象便是一望无垠的沙土，似乎除了风沙没有什么可以表现的对象，其实不然，沙漠中有许多具有表现力的拍摄对象。沙漠中的日出日落、形态与肌理、人物、动植物等都是可以用来表现的很好的主体。

拍摄有"沙漠之舟"称号的骆驼时，有点和线的选择，既可拍摄单只或几只骆驼的形态，也可拍摄驼队线条的整体感觉。拍摄点上的骆驼，应该靠近被摄主体，抓拍骆驼的动作、表情，并从细节上展现其质感；表现驼队时，可站在远处的山丘高处俯拍，这样驼队与沙漠的线条很好地结合在一起，又因为色调的不同，骆驼处于一片金黄的沙土中间，非常醒目，能够吸引欣赏者的注意力。

在我国西北的沙漠之中，胡杨是一种常见的植物，到了秋季，一望无垠的沙漠中耸立着几棵胡杨，坚韧、挺拔，并且富有激情，也是沙漠中具有表现力的拍摄对象之一。

光圈：F9.0　　快门：1/100s
焦距：110mm　ISO 感光度：100

　　在沙漠中拍摄时，并不一定要每张照片都表现沙丘，沙漠中的一些景物，如骆驼等，也是很好的拍摄题材，可以为画面增添许多生气。

372 拍摄沙漠时怎样表现出辽阔的空间感？

拍摄沙漠时，在侧光和逆光照明下，画面会有较好的空间感和深度感，同时可以巧妙地利用前景将观众视线引入画面并移向整个画面的中心，从而有效表达画面的距离、空间和深度。此外，还可以利用沙丘汇聚而成的线条增强画面的延伸效果以及沙丘的远近、层次、穿插等关系，使之在画面上传达出有深度的立体空间感觉，从而表现画面的空间感。

光圈：F13.0　　快门：1/250s
焦距：70mm　　ISO 感光度：200
曝光补偿：−0.3EV

　　在斜射光的照射下，沙脊的线条向远处延伸，画面具有极强的空间感和深度。

373 怎样表现出沙漠的质感？

表现沙漠的质感要做好两个方面的工作：光线的处理、背景的运用。逆光、侧逆光照明下，沙丘会投射出点点的阴影，强调了纹理的质感；而利用背景在影调、色调方面与沙漠主体的对比，背景的表面质地与沙漠的质地形成对比，从而实现对沙漠质感的表现。除此之外，选择合适的光圈、焦距也是保证实现沙漠质感的重要因素。

光圈：F11.0
快门：1/125s
焦距：35mm
ISO 感光度：100

利用侧逆光照射，使沙丘在背光面投下阴影，表现出沙漠的质感。

374 拍摄草原时适合使用哪些构图形式？

拍摄草原，核心要素在于色彩和线条的运用。利用色彩的对比和线条的延伸来表现草原的美，所以把握构图对于表现草原而言十分重要。三分法构图、曲线构图、对比构图等是常见的构图形式。三分法构图常用来表现草原稳定的清新感；曲线构图常利用草原自身线条表现草原的曲线美；对比构图利用草原色调、明暗的对比来表现草原的平衡与稳定。

光圈：F22.0
快门：1/60s
焦距：70mm
ISO 感光度：100
曝光补偿：+0.3EV

利用三分法拍摄草原，以远山和天空作为背景，展现出草原的辽阔。

375 草原上都有哪些适合拍摄的景物？

草原上可供拍摄的景物有很多，大群的牲畜、弯弯的河流、静谧的沼泽、特色的草原帐篷等都是常见的拍摄对象，牧人放牧、牧民的日常活动也是常见的拍摄题材，甚至草原上的一草一木都可以成为画面的主体。拍摄时要注意色彩的变化与构图的美观，用色彩与线条展现最美、最具魅力的草原风光。

光圈：F11.0　快门：1/350s
焦距：24mm　ISO 感光度：200

　　蓝天、白云、河流、吃草的马儿，整幅画面给人悠闲、舒适的感觉。

376 怎样表现出百里草原的优美画卷？

表现百里草原的优美画卷，重要的是表现草原空间感与延伸感。拍摄时，首先要获得较大的视角，因此要在较高的拍摄地点进行俯拍。其次，要合理安排画面的前景、中景与远景，增强画面的层次感与空间感。另外，在构图时最好地把地平线放到画面的上或下1/3处，这样能够使画面和谐与稳定。最后，要注意画面整体色彩的平衡，拍摄出最美的草原风光。

光圈：F11.0
快门：1/250s
焦距：55mm
ISO 感光度：200
曝光补偿：+0.5EV

　　一望无际的草原上散落着羊群，天空中飘着白云，画面给人广阔的空间感。

377 怎样利用当地居民的活动为画面增加与众不同的视觉效果？

单纯地拍摄草原，难免给人以空旷、单调之感，在画面中适当添加当地居民日常活动的元素会使画面色彩产生意想不到的效果。如在拍摄傍晚草原风光时，将牧羊人放牧归来时的情形摄入画面，在使画面整体格局更加平衡的同时，也凭空使画面增加了许多生活趣味，画面风格也就更加温馨、富有人情味。

光圈：F11.0
快门：1/180s
焦距：92mm
ISO 感光度：200
曝光补偿：+0.5EV

在画面中纳入牧民的蒙古包，可以为画面增添更多生气。

378 拍摄梯田时怎样构图？

梯田是在坡地上分段沿等高线建造的阶梯式农田，是人们为了农业生产而创作出来的惊世之作。梯田以其恢弘磅礴的气势、云雾缭绕的山巅、多姿多彩的风情，构成了一幅壮美的画卷。梯田画面的构图要注意线条流畅，充分利用线条为画面增加韵律感。线条的造型、结构要与画面自然结合，还要特别注意梯田的田埂走向及组合，不可杂乱无章。

光圈：F11.0　　快门：1/250s
焦距：180mm　ISO 感光度：100

曲线构图在梯田拍摄中运用较多，利用梯田自身的线条即可展现出梯田的美。

379 怎样利用梯田的线条为画面增加韵律感？

光圈：F18.0　　快门：1/150s
焦距：120mm　ISO 感光度：100

从高处俯拍梯田，水面与田垄交错排列，画面韵律感极强。

拍摄梯田时，为了使其更具有韵律感，常使用逆光、侧逆光或侧光等采光形式，这样可以依靠投射的阴影掩饰杂乱的田边景物。曝光时，一般选用点测光模式对水面反射的高光位置测光，使田垄的地面曝光不足而形成黑色的线条，从而突出线条与水面，使画面显得简洁有力。之后选择有开阔视野范围的高角度俯拍，利用线条的力量使拍摄出的梯田具有韵律感。

380 拍摄梯田时，人物宜放在画面中的哪个位置？

光圈：F8.0　　快门：1/200s
焦距：135mm　ISO 感光度：400

人物出现在画面中，丰富了画面，使画面韵味十足。

以梯田为背景的环境人像，为了更好地突出人物主体，一般利用黄金构图法将人物放置于黄金分割点附近。黄金分割点是画面的视觉中心和趣味中心所在，将人物置于黄金分割点的位置可以更好地突出人物形象。构图时要注意梯田线条的流畅与韵律，不可生硬地安置人物，要注意人物动作、表情与画面整体氛围的融合。

381 怎样表现江南水乡的婉约甜美？

光圈：F9.0　　快门：1/80s　焦距：24mm
ISO 感光度：200　曝光补偿：−0.3EV

河水、河边的屋舍、乌篷船，构成了一幅优美的水乡画面。

拍摄江南水乡，可将重点表现的对象放在弯曲的河道、独特的乌篷船、特色的江南建筑上，这些是最能表现水乡特色的元素。拍摄水乡船只等画面时，可采用高角度俯拍，这样能够获得更好的画面纵深度和宽广度。构图时，可以将船只放于画面的黄金分割点附近，并可摄入河边树木、房屋等景物来平衡画面，使画面不至于单调，也能更好地突出水乡特色。

8 摄影实拍知识二：人像摄影

382 为什么说下午3点以后是拍摄人像最好的时间？

一般来说，下午3点以后日落之前这段时间，太阳光线柔和，高度适中，能够使人物呈现一种自然的状态。除了光线之外，色温的高低也直接影响着人像摄影的拍摄效果。通俗地说，色温高的光源中，所含的蓝色光成分多于红色光；在色温低的光源中，所含的红色光成分多于蓝色光。同样是白天，不同时间段太阳光的色温也有变化。如日出或日落时的太阳光色温就比较低，大约为2000～3000K，早晨或下午的太阳光色温大约为4000～5000K，而接近中午前后的太阳光色温为5500K左右。倘若在太阳光强烈的中午进行拍摄，直射性较强，光线容易在人物脸部形成很重的阴影；倘若时间太早或太晚，又容易使画面曝光不足。所以，下午3点是选择室外摄影的最佳时间，拍摄出的人像照片整体色调为偏橙红色的暖色调，给人一种温暖的感觉。

383 人像摄影的辅助工具有哪些？

人像摄影时，一些辅助工具是必不可少的，如反光板、三脚架、外拍灯、柔光罩、闪光灯等。反光板是人像摄影的必备工具，其作用是降低被摄人物的明暗反差，同时还能为人物增添眼神光；为保证照片的成像清晰度，在光线较暗时，应使用三脚架来帮助稳固相机进行拍摄，同时，三脚架也有助于摄影师在拍摄人像照片时的取景与构图；外拍灯，其作用主要是为人物补光，有时能使周边环境变得别具韵味；闪光灯的作用是在光线条件不好时充当辅助光，以完成正常的拍摄；柔光罩能使闪光灯等人工光源的光线变成散射光，这样光线就不会生硬，以散射光生动地表现出人物的体感、质感和空间感。另外，如果拍摄外景时，为了方便模特更换衣服，最好准备一个换衣棚。

三脚架

闪光灯

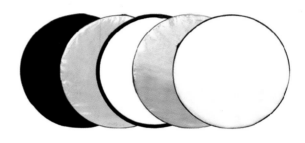

反光板

384 专业人像摄影师为何都使用外接闪光灯？

一般情况下，相机的内置闪光灯功率小，通常在4米之外就不起作用，而且有些机型本身不带闪光灯，因此专业摄影师还是需要配置外接闪光灯。外接闪光灯功率大，可以在广角时实现大范围的照明，在舞台、会议等场合能更好地发挥作用；外置闪光灯回电快，其采用专用的电池供电，基本不消耗数码单反相机的电池，所以回电很快，一次闪光后只需要很短的时间便能重新闪光；外置闪光灯布光方便，它的灯头可以多角度旋转，这样在布光上更加方便，通过合理的调节，可以使闪光灯的效果变得更加自然，不那么生硬，而内置的闪光灯通常只有一个角度，闪光灯打开后，效果常常会变得不自然，用户还可以在外置闪光灯上加入柔光罩调节光强度，从而获得更自然的效果。

除此之外，一些高级闪光灯还能与数码单反相机传递各种拍摄参数，如距离、色温等，这样可以更精确地控制曝光以及还原色彩。某些高级的闪光灯还能实现多台联动闪光，这些都是内置闪光灯所不具备的。

外接闪光灯灯头角度可旋转变化

外接闪光灯功率比较强，一般是内接闪光灯功率的数倍，能够满足大多数场景补光的要求，并且灯头、灯身均可在一定程度内转动，使用非常灵活。

灯身整体也可以在一定角度内旋转

385 拍摄人像对镜头有什么要求？

人像摄影对于模特的肤色、肤质、衣着纹理等都要求十分严苛，因此，镜头锐度要高，成像质量要稳定。拍摄人物时，如果想突出人物，可尽可能虚化背景，所以，镜头的光圈够大也是必不可少的要素。对于拍摄运动中的人像，或者抓拍人物，稳定迅速的对焦也很重要，如果镜头有对焦锁定和自动捕获功能，那么就更好了。

拍摄人像时，镜头的选择很重要，光圈应够大，画质也要锐利，对成像质量要求较高。

利用广角镜头拍摄人像的特点是什么?

广角镜头一般用于拍摄大幅风景或合影，但是这并不代表广角镜头不能拍摄人像。广角镜头能增加摄影画面的空间纵深感；景深较长，能保证被摄主体的前后景物在画面上均可清晰地再现，使得照片别具风格。然而需要注意的是，控制不好变形的话，画面会很奇怪，也不容易突出主体。拍摄时视角广的镜头要注意保持画面干净，这对构图的难度会增加。在熟练使用广角镜头拍摄人像之后，可以利用广角镜头的变形特征来修饰拍摄对象的身材，还可以利用这种特性来增强画面的张力与主题的冲击力。

广角镜头具有较强的透视性能，能够增加画面的纵深感，保证被摄人物及前后景物都清晰呈现在画面中。

为什么使用定焦镜头拍摄人像?

拍摄人像时，使用定焦镜头相比变焦镜头有以下几点优势。

1）畸变小：畸变是变焦镜头最大的软肋，几乎所有涉及广角的变焦镜头都存在明显的畸变问题，而定焦镜头因为只需对一个焦段的成像进行纠正与优化，所以往往很少会出现畸变现象，可以真实还原人物本来面貌。

2）光圈大：在相同焦段下，定焦镜头可以比变焦镜头提供更大的光圈，定焦镜头最大光圈可以达到F1.0、F1.2，而变焦镜头的最大光圈只能达到F2.8，这也就意味着定焦镜头可以带来更柔和的焦外虚化效果，使人物显得更加细腻出众。

3）更锐利的成像：同样的焦段，定焦镜头因其简单的镜片结构可以带来更锐利的图像。

定焦镜头画质较好，在同样焦段下，能够获得比变焦镜头更大的光圈，成像锐利，畸变小，因此是人像摄影的首选镜头。

变焦镜头拍摄人像有何特点?

在相同焦段下，变焦镜头成像质量不如定焦镜头，但是由于其焦段可以变化，在拍摄过程中省去了更换镜头的麻烦，摄影者也不必频繁前后移动。变焦镜头拍摄时视角不会显得单调，可以拍出视角变化丰富的照片。变焦镜头灵活多变的特性使其更加适合外景拍摄，便于捕捉精彩瞬间，根据不同的需要可拍摄出环境人像、全身、七分身、半身、脸部特写等。变焦镜头的弱点在于像场弯曲、畸变和眩光控制。

变焦镜头焦距可变，拍摄时不需要拍摄者前后移动，即可获得不同视角的作品，但会出现像场弯曲、畸变等问题。

389　35mm定焦镜头拍摄人像有什么特点？

在拍摄全身人像时，摄影师可以更靠近模特，以获得更出色的细节表现力。35mm定焦镜头画质高，且可以获得更大的视角，画面中可以包含更多的元素，主题与环境细节都能兼顾，能够更好地衬托人物主体。35mm定焦镜头远近感不那么突出，是广角镜头中效果最自然的镜头，许多纪实摄影师多选择这款镜头拍摄环境人像。

光圈：F3.2　快门：1/3200s　焦距：35mm　ISO 感光度：100

使用35mm定焦镜头拍摄的人物写真，主体与环境细节都能够兼顾。

390　50mm定焦镜头拍摄人像有什么特点？

50mm左右焦段的镜头因为视角与人眼相近，称为标准镜头。对于大部分初级摄影者来说，初次接触的人像镜头多为50mm定焦镜头，该镜头的拍摄效果与人眼的视觉感受近乎一致，并且定焦镜头多具有出色的画质。另外，由于其焦段适中，无论室内还是室外，都不受空间的限制。50mm定焦镜头拥有明亮的大光圈，可以获得较浅的景深，产生出色的焦外效果。限于焦距，50mm定焦镜头很难将人物拉近，无法拍摄出有强烈视觉冲击力的面部特写效果，因此要表现更多的人物面部细节，就需要摄影师靠近被摄人物，但要注意拍摄距离过近时会产生形状畸变问题。

光圈：F2.8　　　快门：1/160s　焦距：50mm
ISO 感光度：250　曝光补偿：+0.3EV

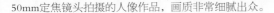

50mm定焦镜头拍摄的人像作品，画质非常细腻出众。

391 85mm定焦镜头拍摄人像有什么特点?

8 5mm定焦镜头被誉为拍摄人像的黄金焦段，超大的光圈与长焦段配合，能很好地避免变形等问题，可以获得清晰、锐利的人物主体和漂亮的焦外虚化效果。需要注意的是，因为焦段的问题，如果是在室内拍摄，需要有足够的空间才能把模特全身纳入镜头中，拍摄距离为3米以内时，最多只能拍到半身人像。

光圈：F2.8
快门：1/250s
焦距：85mm
ISO 感光度：100

使用85mm定焦镜头拍摄的人像写真，可以获得漂亮的焦外虚化效果。

392 200mm定焦镜头拍摄人像有什么特点?

2 00mm定焦镜头以其超长焦距，能瞬间拉近远处的景物，不打扰被摄物而获得生动细致的景象，富有贴近感的取景和绝妙的背景虚化完美表现。拍摄远处的人像时，色彩还原准确，景深很浅，可以实现焦外虚化最大化，焦内成像锐利，无论面部特写和半身像，还是远距离抓拍或偷拍生动的瞬间，画质都十分出色。

光圈：F2.0
快门：1/800s
焦距：200mm
ISO 感光度：125
曝光补偿：−0.3EV

使用200mm定焦镜头拍摄的人物写真，背景虚化得很漂亮。

393 靠近拍摄人像有什么优势？

人像摄影的主体应该是人，为了达到预期的效果，就要避免拍摄的人物在画面上太小，而应该让人物的面容和表情成为画面中一目了然的表现中心，实现这种效果的办法就是靠近拍摄。例如，在个人写真摄影中，模特是绝对的主体，如果不靠近拍摄，往往会使画面空洞乏力，无法表现人物形象，或者背景会喧宾夺主，欣赏者会分散注意力而注意不到人物的动作或表情的表现力。挪动脚步，靠近拍摄，就可以完美地表现人物主体。

光圈：F2.2　　快门：1/400s
焦距：200mm　ISO 感光度：100

对于正常的人像摄影来说，只要满足了取景范围的需要，对摄影者的建议是尽量靠近拍摄，这样能够更清晰地呈现出被摄主体人物，并且视觉效果较好。

394 拍摄人像时，摄影师为何要随时与模特交流？

并不是所有模特都具有很强的镜头感，尤其是和不熟悉的摄影师一起进行拍摄，难免会有紧张的情绪，导致模特造型生硬，眼睛无神，不自信，很难拍出好的照片。摄影师通过和模特进行交流，可以消除模特的不安，提高拍摄质量，模特容易将最自信、最美的一面展现在镜头前。一幅优秀的人像作品，不仅要有摄影师的才华与思想，还要融入模特的感悟与表现。

395 拍摄人像时对焦点选在哪里？为什么？

俗话说，眼睛是心灵的窗口，在拍摄人像时也是如此，针对眼部精确合焦非常重要。如果眼部没有合焦，那么整张照片就会软绵绵的，没有关键点，整个画面似乎失去了灵魂。一般来说，无论被摄者摆出什么造型，不管从什么角度拍摄，都需要针对眼部精确合焦。特别是开大光圈拍摄时，景深变小，合焦位置稍稍偏移就会造成眼部失焦，拍摄者应该加以注意。当然，如果拍摄的重点不是人物主体，而是人物身上的某一个部位或某一件装饰品，那么就需要对重点表现的对象进行对焦。

光圈：F2.8　快门：1/250s　焦距：200mm
ISO 感光度：500　曝光补偿：−0.3EV

人像摄影时，对准人物眼睛对焦，仿佛为整幅画面赋予了灵魂。

396 正面人像有什么特点？

正面拍摄人像是指镜头与被摄人物面部朝向在一条直线上，一般多出现于证件照当中，在一些艺术性要求不高的个人写真和纪实摄影中也常常见到。正面拍摄人像的画面显得庄重、严谨，但过于平稳，人物五官对称，缺乏活力和透视感而显得呆板，因此在拍摄时要多考虑用光，顺光拍摄无法表现人物面部的明暗和立体感，应尽量避免。一般来说，前侧斜射光是比较好的正面人像用光。

光圈：F2.0　快门：1/320s
焦距：200mm　ISO 感光度：100

　　正面人像具有自然的对称性，显得非常和谐。

397 1/3侧面拍摄人像有什么特点？

1/3侧面拍摄人像是指被摄人物的面部与镜头朝向成30°左右的夹角。对于面部轮廓相对比较平坦、偏胖的人物，使用这种拍摄方式可以有效地弥补这些缺陷。使用1/3侧面的拍摄方式，基本上能够全面展示人物面部的五官特征，并且可以避免正面拍摄产生的呆板、木讷等感觉，使人物形象显得生动传神，有活力。1/3侧面角度基本上可以满足大多数脸型人物的拍摄要求，无论是偏瘦还是偏胖，使用1/3侧面的角度拍摄，大多能够获得较好的表现力。

光圈：F2.0　快门：1/320s　焦距：200mm
ISO 感光度：100　曝光补偿：−0.3EV

　　1/3侧面拍摄的人像，给人一种轻松的感觉，并且具有十足的活力。

2/3侧面拍摄人像有什么特点？

2/3侧面角度拍摄人像是指相机镜头与人物面部朝向成60°左右的夹角。在这种拍摄角度下，画面中人物五官表现最为完整的是面对镜头的腮部，并且画面整体能够显示出很好的轮廓感。2/3侧面是人像摄影中使用非常多的拍摄方式，因为在这个角度，无论是较瘦还是偏胖的人物都能很好地回避缺陷，表现出自身最美的一面。

光圈：F5.0　　快门：1/640s
焦距：300mm　ISO 感光度：200

2/3侧面人像能够将主体人物的面部轮廓很好地展示出来，并且能够兼顾整体效果。

全侧面拍摄人像有什么特点？

全侧面角度拍摄人像是指镜头和人物朝向成90°夹角。这种角度拍摄，其造型特点在于着重表现被摄者面部的轮廓特征，包括额头、鼻子、嘴、下巴的侧面轮廓。当然，如果拍摄半身或全身人像，也包括身体的侧面轮廓。通常情况下，对于大部分人来说，全侧面拍摄的效果要比从其他角度拍摄更好看，并且画面整体的视觉冲击力更强，但使用这种方式拍摄时，画面效果几乎与人物面部真实的感觉完全不同，显示的是自额头到肩部的一种轮廓线条，表现的只是人物局部感觉。这种拍摄方式，在拍摄人物剪影时更为常用，能够回避主体人物的胖瘦、美丑等特点。

光圈：F2.0　　快门：1/800s
焦距：200mm　ISO 感光度：100
曝光补偿：−0.3EV

侧面人像能够将人物面部轮廓以最完美的方式表现出来。

400 怎样拍摄人像背影？

人像背影突出了人物背部的特征，通过背面形象来表达摄影者艺术构思中的含蓄意念。利用背面构图所创作的优秀摄影作品并不少见，在这类作品中，通常是以人物的背影姿态作为前景，透过背影看到远景环境或背景特征烘托主题。在生活中，背面摄影的题材更为广泛，日常生活中的随拍、扫街活动中的抓拍等都可以表现出很好的画面情感。通过人物背影来表现情感情绪，需要摄影者在生活中发掘和审视身边的一些人物，从不同的阶层、不同的打扮、不同的穿戴等方面找出有个性特点的人物，从而营造出有内涵的摄影作品。

光圈：F7.1　　快门：1/160s
焦距：105mm　ISO感光度：200
曝光补偿：−0.7EV

暖色调的人物背景画面能够表达出一股暖意，延伸的道路不禁让人想象画面深处的美景。

401 顺光拍摄人像有什么特点？

顺光拍摄人像时，光线会均匀照在人物面部，拍出来的照片缺乏明暗变化和影调层次，人物面部显得平坦，破坏了美感。一般来说，在拍摄人像时尽量避免顺光拍摄，这种光线方向一般用于拍摄证件照。

光圈：F2.5
快门：1/500s
焦距：85mm
ISO感光度：100

顺光拍摄人像，人物面部平坦，缺乏影调层次，整幅画面看上去给人平淡的感觉。

402 侧光拍摄人像有什么特点?

侧光拍摄人像时，会在人物面部的中线位置形成受光面高亮而背光面为阴影的较大反差，就是俗称的阴阳脸。一般来说，侧光不适合拍摄人像。

光圈：F2.8　快门：1/3200s　焦距：200mm　ISO 感光度：400

侧光照射下，会在人物面部形成明显的阴暗面。

403 斜射光拍摄人像有什么特点?

前斜射光是非常理想的人像摄影光线，能够照亮人物面部大部分区域，并且会因为五官的凹凸而形成丰富的明暗影调层次，既能孕育情感，又能表现出足够的立体感，还可以勾勒人物面部的轮廓线条。

光圈：F2.0
快门：1/6400s
焦距：200mm
ISO 感光度：100

　　利用斜射光拍摄人像，画面影调层次丰富，可以很好地表现出立体感。

404 逆光拍摄人像有什么特点?

逆光人像是一种高反差光影效果的运用，在逆光下拍摄人像时，一般分为两种情况，拍摄剪影是最为简单的一种，对背景中的高亮光源处测光，这样人物正面会因为曝光不足而完全发暗，画面中的人物只表现出形体轮廓线条，具有非常强的感召力。另外一种逆光人像是使用闪光灯或反光板对人物的正面进行补光，使其曝光正常。

光圈：F2.0
快门：1/1000s
焦距：200mm
ISO 感光度：125
曝光补偿：-0.3EV

逆光拍摄人像时，人物正面因背光而处于阴影中，因此常使用反光板对人物正面进行补光。

405 拍摄人像时虚化背景有什么好处?

摄影是减法的艺术，是指在构图时进行元素的取舍，或是对某些元素进行强调，对某些元素进行弱化。利用大光圈、小物距或长焦距拍摄，可以虚化模糊掉繁杂的背景。在人像摄影中，虚化背景具有非常重要的作用，它可以在杂乱的背景下更加突出人物主体，使画面更简洁。

光圈：F2.0
快门：1/400s
焦距：200mm
ISO 感光度：100

人像摄影时，使用大光圈虚化背景，能够使主体更加突出。

为什么要寻找一个简洁的背景拍摄人像？

人像摄影时，人物是主体，是画面要表现的中心，环境要起到衬托主体人物的作用，但不应分散欣赏者的注意力。既然人物主体是人像摄影的中心和摄影目的所在，那就应该将一切摄影创作都围绕人物主体展开，只有最大化地突出了人物主体，才能够更好地表达主题，展示人物形象。突出人物主体形象最简单的方法是寻找一个简洁的背景，这样就可以有更多的空间来给主体人物，能够使人物更加生动。

光圈：F5.0　　快门：1/1000s
焦距：14mm　ISO 感光度：100

简单的背景能够使主体人物非常醒目、突出。

为什么要为人物的眼神留出充足空间？

人像拍摄中，眼睛是最能体现被摄者精气神的器官。作为摄影者，能否抓住拍摄人物的眼神，是照片好坏的关键。欣赏者在读图时，感觉会随着主体人物的视线方向延伸，如果人物视线的方向上存在阻挡，或没有留出充足的空间，那么欣赏者会感觉非常拥挤、压抑，因此要求摄影者在构图时就要给人物眼神方向留下充足的空间，以带给欣赏者一种轻松、舒展、舒适的视觉体验。

光圈：F2.0　　快门：1/200s
焦距：200mm　ISO 感光度：100

为画面人物留下视线空间，可以使欣赏者感觉到空间感十足，不会显得拥挤。

408 拍摄人像时常见的构图形式有哪些？

拍摄人像时，有多种构图形式，如三分法构图、黄金分割构图法、对角线构图、S形构图等。

三分法构图时，将画面的横向或纵向平均分成三份，画面中的人物一般会安排在三分线处，因为在此位置上的主体对象会被突出表现，也符合视觉舒适的原则，通过合理调配对象主体在画面中的大小和位置使画面达到均衡。

黄金分割作为人像摄影中的一种常用的构图形式，可以细分为黄金分割点构图和黄金分割线构图。在人像摄影中，人物的面部常常是表现的重点，将面部置于黄金分割点的位置可以更好地突出人物的表情；利用黄金分割线构图，即把主体人物安排在画面黄金分割线的位置，使画面的架构即稳重又活泼。

对角线构图也是在人像摄影中经常运用的构图形式。这种构图一般需要模特的身姿和摄影者的取景角度两者相结合，把主体安排在对角线上，在一定程度上避免了人物的呆板，给画面赋予更多的动态因素，使画面更加活泼。

S形构图优美而富有节奏变化，是人像摄影的艺术创作中运用较多的构图形式，尤其是在拍摄女性模特时，S形构图能够充分表现女性的柔美身姿，无疑是最有吸引力的构图形式。

光圈：F2.0　　快门：1/320s
焦距：200mm　ISO 感光度：125

利用三分法构图拍摄的人像，人物处于三分线上，视觉效果强烈。

409 仰拍的人像画面有什么特点？

仰拍人像是指摄影者以较低的机位拍摄人像，机位通常位于人物的腰部水平线以下。利用这种方式拍摄的人像，能使被摄者的形象显得较为雄伟，而且因为透视关系，会使物距较近的腿部变长，而较远的部位则变小，有几何形状上的扭曲和变形。这种拍摄方式比较适宜于拍摄美女人像，通过降低机位，可以拍摄出美女修长的腿部，增加画面的视觉冲击力。

光圈：F9.0　　快门：1/125s　　焦距：14mm　　ISO 感光度：100

仰拍人像，能够将其腿部拍得非常修长。

平拍的人像画面有什么特点？

拍摄点与被摄对象处于同一水平线上，以平视的角度来拍摄，这种拍摄方式称为平拍。具体拍摄人物时，是以人物主体眼睛的平视高度作为基准线的。这种高度所拍摄的画面效果符合人的视觉习惯，并且构图平稳，所形成的透视感比较正常，不会使被摄对象因透视变形而变得歪曲。因此，这种平拍的表现方法在摄影实践中应用最广泛，运用起来比较快捷方便。

光圈：F2.0　　快门：1/4000s
焦距：200mm　ISO 感光度：100

平拍的人像画面符合人的视觉习惯，画面给人稳定的感觉。

俯拍人像能造成哪种画面效果？

俯拍人像是指相机从高于被摄者眼睛的位置向下拍摄，这种拍摄方式会使被摄者的身材显得较矮小，压缩了人物自身的高度及人物与地面之间的距离。使用这种拍摄方式可以拍摄出女性人物面部上宽下窄、漂亮的"瓜子脸"效果，还可以表现一种上半身大、下半身小的夸张的卡通风格。

光圈：F2.8　快门：1/250s　焦距：135mm　ISO 感光度：200

以俯拍的方式拍摄人像，构图形式非常奇妙。

412 构图时为何要避免切割被摄人物的肢体关节?

人体强调协调之美，如果在人像摄影中把握不好人物肢体的取舍位置，出现断臂、拦腰截断等情况，则对于画面而言是极大的不协调，显得极其别扭。因此，构图时一定注意不要从人物的关节处切割，如手腕、肘部、腰部、膝盖处等。如果必须要从手臂或者腿部剪切，也应尽量跳过关节处。例如在拍摄七分人像时，可以选择在膝盖以下或者以上进行切割，这样的截图比较符合人像的欣赏标准。

图1 图2

图1画面显得很自然，而图2发生了切割关节的情况，这样会使构图不完整，给人一种非常不舒服的感觉。

413 S形构图的人像画面有何特点?

S形构图在人像摄影中是常见的构图形式，通过模特的身姿和形体来塑造画面美感，尤其在拍摄女性时，S形可以凸显其身材的线条感，欣赏者的视线往往会随着人物的形体线条延伸，感受到一种动态的曲线美，画面十分具有吸引力。

光圈：F2.2 快门：1/20s 焦距：85mm
ISO 感光度：200 曝光补偿：+0.3EV

S形构图的人像作品能够表现出主体人物动感、有活力的印象。

对角线构图的人像画面有何特点？

对角线构图形式讲究被摄人物的摆姿与摄影者取景角度调整两个方面的协调，大多以竖画幅的形式来表现。如果模特是笔直站立的，摄影者可以旋转拍摄视角，使人物在画面中以画幅对角线的形式表现；如果摄影师相机视角固定，则模特可以前倾或后斜，来形成对角线构图，为画面带来足够的活力和视觉冲击效果。

光圈：F2.5　　快门：1/640s
焦距：85mm　ISO 感光度：100
曝光补偿：+0.7EV

利用人物的姿势形成对角线构图，画面动感十足。

高调人像怎样拍摄？

高调人像的特点是画面的影调构成以亮调为主，尽量避免或少用暗调。对于彩色人像摄影来说，高调应以白色、明度高的浅色和中等明度的颜色为主。拍摄时光线要柔和、匀称，一般多使用顺光，或者在阴天时，利用比较柔和的散射光拍摄，被摄者要穿白色或浅色衣服，背景的选择也是以浅色为主。曝光时，摄影者也可以根据实际情况增加一级曝光。

光圈：F2.0
快门：1/2000s
焦距：200mm
ISO 感光度：100

高调人像作品以亮调为主，人物穿着浅色系衣服，画面给人干净、明亮的感觉。

低调人像怎样拍摄？

低调人像的特点和拍摄要求正好与高调人像相反，其影调构成以暗调为主，彩色人像的影调组成以黑色、明度低的深色和中等明度的颜色为主。低调人像照片能使人物主体的形象显得深沉、凝重。在拍摄低调人像时，人物应穿深色服装，并使用较深色的背景。在利用光线表现时，一般以侧逆光或者侧光为主。在曝光过程中，摄影者需要依照被摄人物面部亮处曝光，使亮处以中等明暗或者比中等明暗略暗的影调形式表现出来，阴影部分则再现为暗调。当摄影者使用顺光表现低调人像时，应适当降低曝光量，以使画面整体呈现暗调。

光圈：F5.0　　快门：1/200s
焦距：100mm　ISO 感光度：400

低调人像中，人物衣着深色系服装，背景也为深色调，画面以暗调为主，显得深沉、凝重。

什么是重彩人像摄影？

重彩人像是用高纯度、鲜艳的色彩构成画面，使欣赏者能够感受到强烈的色彩刺激，从而留下深刻的色彩印象。这种设计方法需要用很浓的大块色彩，才能得到重彩效果。在拍摄人物写真时，要注意人物重彩衣物的选择，如红色、紫色等。另外，相机设定高饱和度画质也比较利于表现画面的重彩设计。

光圈：F2.0　　快门：1/400s
焦距：200mm　ISO 感光度：125
曝光补偿：−0.3EV

重彩设计的人像作品令人印象深刻，善于表现高调的人物形象。

什么是淡雅色人像摄影？

与重彩人像相反，淡彩设计主要是用浅淡的、明度较高的色彩构成画面，如浅黄色、浅红色、浅蓝色等。在人像摄影中，淡雅色的人像就是利用这种浅淡的、明度较高的色彩来营造画面，这些色调下的人像作品会给欣赏者一种轻快、淡雅、舒畅的情感。

光圈：F2.0
快门：1/320s
焦距：200mm
ISO 感光度：100

淡雅的人像作品给欣赏者以轻松、舒适的感觉。

什么是自然色人像摄影？

自然色系包括砖色、土红、墨绿、青绿、橄榄绿、黄绿、灰绿、土黄、咖啡色、灰棕色、卡其色等多种色彩，使用这类色彩进行人像写真，也是常见的色彩设计方式，其搭配比较方便，可以随时根据主体人物的衣着进行拍摄，整体的自然环境也主要是这些色彩的组合。使用自然色系设计的摄影作品，能够表现出亲和力、轻松、自然的情感，但要注意表达出与众不同的特色来。

光圈：F3.5　快门：1/125s　焦距：85mm
ISO 感光度：100　曝光补偿：−0.3EV

自然色的人像写真给人轻松、舒适、自然的情感体验。

420 冷色系的人像画面有何特点？

人像摄影的冷色调是指用蓝、青色或者主要含有蓝、青色成分的色彩构成的人像摄影画面，这种色调使人冷静、理智，甚至会造成绝望、孤独的心理暗示。摄影者同样可以通过被摄者的服装色彩及周边环境来得到冷色调的效果，如人物的着装为黑、白或冷色系色彩，再搭配绿色、蓝色等环境，即可营造出冷色系人像作品。在相机中设定比实际现场色温低的白平衡模式，画面也会变为蓝色的冷色系效果。冷色调的人像画面让人觉得平静、理智、冷艳。

光圈：F2.0　快门：1/1000s　焦距：200mm
ISO 感光度：100　曝光补偿：+0.7EV

　　冷色调人像作品可以使人感到平静、理智。

421 暖色系的人像画面有何特点？

在色轮中，红、橙、黄以及以红、橙、黄为主要成分的色彩称为暖色。人像摄影中，如果模特衣着为红、橙、黄等色彩，再搭配一些偏暖色调的前景及背景，即可营造出暖色系的人像作品，给欣赏者以温暖、舒适、柔和的感觉。拍摄暖色系作品时，光线的作用非常重要。在室外拍摄时，早晨9点前与下午3点后的光线带有偏暖的色谱效果，能够使环境景物略微偏红或黄色，可以与暖色的主体人物形成色彩上的协调关系；在室内拍摄时，钨丝灯光线也有利于拍摄暖色系人像作品。另外，在相机内设定比现场色温高的白平衡模式，也会使画面变得更红、更暖。暖色调的人像画面可以营造温馨、热烈、奔放的感觉。

光圈：F2.0　快门：1/250s　焦距：200mm　ISO 感光度：125

暖色调的人像画面给人一种温暖的感觉。

怎样拍摄车展中的模特？

人像摄影中，车模也是经常拍摄的题材。在拍摄车展模特前，应抢占较为有利的拍摄地点。为了避免拍摄出来的照片都是一个思路，需要充分体现出模特的个性和摄影师的个性，因此拍摄时摄影者在把握自己独特视角的同时，应注意什么风格的汽车搭配什么个性的模特。拍摄时要注意光源的运用，车展上的光线很复杂，特别是一些聚光灯，使拍摄难度大大增加，摄影者可以利用现场聚光灯的光线并使用闪光灯给模特补光的方式来拍摄，这样不仅展现出具有现场感的环境光线氛围，而且令模特的肤色也更加真实。独脚架在车展这种人造光环境下能提供足够的稳定性，保证照片的拍摄质量。另外，由于车展中的观众较多，拍摄位置与模特的距离往往不太理想，因此变焦范围大的相机就比较有优势了。

光圈：F2.8　　快门：1/160s
焦距：125mm　ISO 感光度：250
曝光补偿：+1.0EV

　　拍摄车展中的模特时，应注意现场光线的运用，并适当为模特补光，使画面更真实。

香车与美女画面能给欣赏者哪种视觉体验？

香车与美女都能代表时尚与性感，利用汽车作为道具进行摄影创作也是一种常见的美女写真技法。在拍摄前，摄影者要根据模特的性格与汽车的类型确定好自己的拍摄风格，是唯美、时尚还是性感、冷艳，确定好画面风格，才能有的放矢选择场景与色调。拍摄场地的选择也是需要注意的地方，例如想要拍摄冷艳的香车美女，拍摄场所选在城市广场就不是很适合。最后，在具体拍摄时要注意把握对光线的控制，可以配合以闪光灯、外拍灯等专业辅助光源，营造良好的光照环境。

光圈：F2.0
快门：1/1000s
焦距：200mm
ISO 感光度：100

　　本画面中的美女与香车令人体会到一种浪漫、香艳的气氛。

424 阶梯与美女画面能给欣赏者哪种视觉体验？

阶梯是很多摄影师拍摄美女写真时喜欢运用的背景。阶梯作为背景可以用来构成视觉的延伸效果，再配合以大光圈、浅景深，让阶梯在美女背后朦朦胧胧，有些螺旋的阶梯还能加深在视觉上构成一定张弛的节奏感。在实际拍摄时，模特可以选择侧坐或正坐，然后变化脸部的方向，或沉思，或远眺，同时配合手部与腿部姿势的变化，即可完成一幅漂亮的作品。

光圈：F2.8　快门：1/200s　焦距：135mm　ISO 感光度：200

利用背景中阶梯的规律性变化来衬托主体人物，令人体验到一种韵律的美感。

425 废墟与美女画面能给欣赏者哪种视觉体验？

城市废墟与时尚潮流的美女搭配在同一画面中，以格格不入的强烈对比，刺激着人们的眼球。经过漫长岁月之后的废墟，往日的辉煌不复，喧嚣已逝，彰显着或颓废或孤独落寞的情感；而美女，则正在散发着炽烈的生命热度。在拍摄这类题材的写真时，一定要明确拍摄主题，在拍摄的画面中赋予其情感，使环境产生感情色彩才富有思想意义。站在破败的废墟中的美女，让人感觉时空的交错，现代美女和古老的遗迹形成鲜明对比，让人如梦似幻。

光圈：F5.6
快门：1/80s
焦距：75mm
ISO 感光度：800

怀旧色调处理的美女与废墟写真。

426 植物与美女画面能给欣赏者哪种视觉体验？

如果要拍摄富有生命召唤力的作品，植物与美女的搭配最好不过了，植物象征着蓬勃的生命力，无论是茫茫草地还是百花齐放，或者浓郁的森林，或者仅仅是简单的盆景，都能散发出清新的气息，美女秀色可餐，两者的搭配更是带给人清新宜人的气息，以大自然为背景，模特要契合主题选择素色淡雅或者鲜明活泼的服装。

光圈：F2.0
快门：1/1250s
焦距：200mm
ISO 感光度：125
曝光补偿：−0.3EV

即使是简单坐在草地上拍摄，这种草地的美女写真也能够让人感到一种青春的活力。

427 酒吧与美女画面能给欣赏者哪种情感体验？

酒吧昏暗的灯光把酒瓶与酒杯照得晶莹剔透，星星点点的暖色光洒在正在品酒的美女身上，显得神秘而美丽。不同的酒吧有着不同的气氛，有的粗犷豪放，有的婉约怀旧，有的热闹喧哗，根据不同的酒吧气氛，配合模特能给欣赏者带来不同的情感体验。拍摄时，利用大光圈，以获得更多的通光量，将ISO感光度调至可接受的程度，最好利用三脚架辅助拍摄。

光圈：F2.0
快门：1/125s
焦距：85mm
ISO 感光度：400
曝光补偿：−0.7EV

酒吧与美女写真传达出一种迷离、神秘的美。

428　校园美女应该怎样拍摄？ 能给欣赏者哪种感受？

提到校园与美女，难免离不开青春与清纯这两个词语，校园美女的拍摄，最好采用柔和的自然光，以凸显其青春不加修饰的美丽，在服装上也要避免色彩过于斑斓，切忌奇装异服或过于性感暴露的服装，面妆也要清新干净一些，不需要浓妆重彩，校园美女就应该是散发着"淡妆浓抹总相宜"的气质，把女孩青春的一面展现出来。摄影者要注意观察模特的神态，准确捕捉到那种只存在于学生脸上的纯真。校园美女清纯且充满活力，很容易让欣赏者回想起求学时的美好时光。

光圈：F5.6　快门：1/80s　焦距：135mm
ISO 感光度：100　曝光补偿：-0.7EV

校园美女给人纯真的印象，整幅画面散发出青春的气息。

429　为什么说窗光是最为完美的人像摄影光线？

在室内拍摄人像时，窗光是最完美的光线。室外的自然光通过窗户进入到室内，可以作为照亮人像的主要光源；而室内的白墙可以起到反光板的作用，给人物背光面补光，使画面明暗层次丰富，人物富有立体感。在拍摄时，注意模特不要面对窗户，可以将面部半侧对着窗户光线，使窗光照亮大半边脸，这样拍摄的效果非常漂亮。如果与窗户距离过远，则窗光的效果不是很明显，影调会比较平淡。

光圈：F2.8
快门：1/500s
焦距：105mm
ISO 感光度：400

　　窗光是非常自然、完美的人像摄影用光，但要注意窗光较强时需要对人物面部背光处补光。

430 影棚内的人造光线主要分为几种？

拍摄影棚人像，需要人工营造各种光源，包括主灯、辅灯、发型灯、背景灯、眼灯等多种，另外，还要借助反光板等道具。

431 影棚内的主灯有何特点，为什么？

影棚内的光影效果从某些角度来看，也是模拟室外的太阳光线。在室外，太阳是主要的照明光源，同样的，在影棚内也会设置一盏主灯（也称关键灯），主灯的位置一般是在主体前方45°左或右的某一侧，稍高于相机所在水平线，但有时主灯具体的位置要取决于摄影者想要表达的照片效果。假设现在影棚内只开一盏主灯，可以发现在主灯光线的效果下，主体周围出现了很强的高光区和深色阴影，亮部与暗部的差别会营造出明显的立体效果。

光圈：F11.0　　快门：1/200s
焦距：35mm　　ISO 感光度：100

影棚内主灯、相机机位与被摄对象之间的关系。

只开一盏主灯时主体人物左右两侧会有较大的光比。

432 影棚内的辅灯有何特点，为什么？

棚拍时，如果只有一只主灯负责照明，则会使主体产生高光与阴影部位，明暗反差很大，许多细节都不利于表现。这时需要辅助灯来对主体进行补光，以显现主体的细节和轮廓。辅助灯主要用于对主体的背光部位补光，但应注意辅助灯的照明效果不能强于主灯的效果，否则会使现场光线混乱，无法分出主次。如果辅助灯的功率与主灯相等，则照明效果也会一样，这样在主体人物的面部就不再有阴影存在，没有影调存在，画面也就失去了轮廓与立体感。因此，设置辅助灯时，辅助灯功率应低于主灯功率，如果辅助灯与主灯功率相同，则可以在辅助灯前加一道降低照明效果的毛玻璃、玻璃纸等道具。

光圈：F11.0
快门：1/125s
焦距：35mm
ISO 感光度：100

添加辅灯后人物的左右两侧均被照亮，但存在一定的光比，为画面增加了影调层次与立体感。

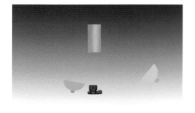

主灯、辅助灯、相机与被摄主体之间的关系。

433 棚拍需要反光板吗？为什么？

反光板是最快捷、最方便的补光方法，不仅外景可以用，现在很多摄影师在棚拍时也青睐它，认为反光板能产生更为自然的效果。根据环境需要用好反光板，可以让平淡的画面变得更加饱满，体现出良好的影像光感和质感。同时，利用反光板适当改变画面中的光线，对于简洁画面成分、突出主体也有很好的作用。在棚拍时，若直接使用闪光灯对人物进行补光，那么人物面向闪光灯的一侧会受灯光直接照射，人物周围出现明显的亮部与暗部区域，明暗反差很大，如果利用反光板对人物进行补光，那么光线会变得柔和，影调层次也变得明显。

434 棚拍时一般多使用哪种拍摄模式，为什么？

棚拍时最常用的模式为全手动模式，该模式可以根据摄影者的要求拍出不同效果的片子，拍摄者可以手动调节测光模式、光圈、快门、ISO感光度等曝光组合，能够精确控制实际拍摄效果。

435 怎样拍摄老年人？

给老年人拍摄，不必像拍摄其他年龄的人物那样，追求姿态的多样与优美。老年人的肢体已经有失灵活，姿态大都僵硬、笨拙，面部也是饱经沧桑。拍照时，应千方百计地去避开老年人身上的龙钟老态，尽量表现老年人良好的精神状态，因为他们的情感与姿态有其独特之处，情感的表达变得更深沉持重，不多喜形于色或者锋芒毕露。给老年人拍照还要注意不必过多干扰他们，如果过多干扰，反而会破坏自然的形态。另外，还可以利用长焦镜头将人物拉近，只拍摄老年人手部、脸部等的特写，常令人联想到岁月的沧桑无情与老人曾经的奔波忙碌，可以震撼欣赏者的心灵。

光圈：F2.8　快门：1/25s　焦距：16mm　ISO感光度：250　曝光补偿：+0.7EV

老人辛苦劳作，但脸上依旧洋溢着笑容。

436 怎样表现老人经历过世事沧桑的面部？

要拍摄老人饱经沧桑的面部特写时，可利用长焦镜头将人物拉近，采用小光圈，可以更清晰地刻画老人面部的皱纹，并注意光线的方向，合适的用光可以让老人的轮廓看起来更深，加强了沧桑感，还要抓住老人的眼神和目光的方向，饱受风霜的他们，深邃的眼里总有一份凝重。拍摄老人面部时，关键是要拍出神态，苍白的须发和沟壑般的面庞都不如一眼若有所思的凝望有表现力。

光圈：F1.4 快门：1/100s 焦距：85mm
ISO 感光度：640 曝光补偿：−1.3EV

利用特写的方式将老人脸部拉近拍摄，饱经沧桑的脸上布满皱纹，画面给人极强的感染力。

437 为什么拍摄儿童时禁用闪光灯？

儿童摄影中需要注意的是，在给孩子拍照时尽量不要使用闪光灯。儿童的视觉神经系统还没发育完全，且十分脆弱，强光会对眼睛的发育造成不良影响。所以在拍摄时，要避免使用闪光灯，最好用自然光拍摄。不使用闪光灯时，把相机设置成高感光度和大光圈，目前大多数数码单反相机都提供了不错的高感性能，所以大部分室内光源及弱光都不成问题。

光圈：F4.0 快门：1/60s 焦距：70mm
ISO 感光度：320 曝光补偿：+0.3EV

拍摄儿童时，应对准儿童眼睛拍摄，此时要严禁使用闪光灯，以免对儿童眼镜造成伤害。

438 拍摄儿童时最重要的是什么问题？

拍摄幼儿照片时，摄影者必须注意不能使用闪光灯，否则可能会惊吓到幼儿或伤害到他们的眼睛。另外，爱心和耐心是拍好儿童照片的关键，儿童的情绪及行为具有被动性，他们的注意力难以持久，是难以把握的拍摄对象。儿童的表情千变万化，举手投足间总是天真烂漫，是天生的表演者，要想拍出好的儿童摄影作品，必须用心与小孩交流。抓拍是很好的方式，在小孩不经意之间拍下的，就是他们最真实、最可爱的一面。

439 为什么说自然光是拍摄儿童的最佳光线？

在给儿童拍摄时，最好选择自然光。闪光灯的强烈闪光会对儿童身体健康产生一定的不良影响，会惊吓到年龄过小的孩子，而自然光更加真实，光线变化丰富，对儿童情绪的影响会降到最低，不会引起儿童情绪的巨大变化，在拍摄时有更多的拍摄角度和场景变化。自然光的光影效果很明显，容易判断人物和景致的变化，而且运用自然光进行拍摄，增加了儿童与大自然亲近的机会，因此给儿童进行拍照时尽量使用自然光。

光圈：F3.5　　快门：1/320s
焦距：200mm　ISO 感光度：100
曝光补偿：−0.3EV

使用自然光拍摄儿童，画面真实、自然，且儿童容易接受。

440 怎样表现母子间的亲情？

世界上最重的感情是母亲对孩子的爱，摄影师可以抓住这一主题拍摄出很美的人像作品。具体拍摄时，为防止画面主体不容易区分，给人以无法分辨的感觉，可以将母亲或孩子其中之一作为主体，另一个作为陪体，这样可以起到主次分明、互相衬托的作用，并能讲述出母子之间的不同故事情节。如果画面构图需要，甚至可以虚化陪体，但不宜模糊过度。即使讲述的故事不同，但画面主题往往是相同的，那就是浓浓的母子亲情。

光圈：F3.5　快门：1/60s　焦距：200mm
ISO 感光度：100　曝光补偿：−0.3EV

母亲与幼子的亲情是天底下最伟大的情感。

441 怎样表现情人间甜蜜的爱情?

恋人间的甜蜜，举手投足、一个眼神或一个笑容，都具有极强的表现力，摄影师需要有锐利的眼光和深厚的生活体会，仔细观察身边的人和事，在恰当的时候按下快门。拍摄情侣或有关爱情的题材时，要避免选择近视角放大拍摄，否则情侣双方会显得很羞涩，表情僵硬、尴尬或是不自然。摄影师要让情侣在自然的状态下配合讲究的构图完成拍照，通过沟通、交流、鼓励调动情侣的情绪，消除被摄者的顾虑。除了通过男女的亲热来表达爱情的甜蜜，记录恋爱双方在共同做一件事情或是某一时刻的动作、表情，也可以表现出爱情的甜蜜。

光圈：F4.0　　快门：1/50s
焦距：100mm　ISO 感光度：100

　　情侣在街边旁若无人地亲吻，表现了爱情的甜蜜。

442 怎样表现被摄人物之间的友情?

对于朋友间的生活照，大多数情况下需要以自然、随意的方式表现，摄影者可以通过被摄者的表情、动作来表达友情的珍贵和真诚。朋友间不经意的一个动作、一个眼神，就是对友谊最完美的诠释。拍摄表达友情、友谊的照片时，要善于抓拍，可以根据环境预先调好相机参数，在气氛合适的时候，就可以轻松地获得难得的一瞬间。需要注意的是，表情要搭配动作，且朋友间的表情要协调。

光圈：F2.5　　快门：1/160s
焦距：28mm　ISO 感光度：100

　　抓拍好友同时跳起的动作，画面传达出浓浓的友情。

9 摄影实拍知识三：纪实摄影

纪实摄影是怎样定义的？

1935年，美国经济学家罗依·斯特莱克（Roy Stryher）曾经提出，应该为纪实摄影做一个准确的定义，但是到目前为止，还没有哪一个定义能够非常准确地表达出纪实摄影的意义。美国纪实摄影家罗西娅·兰格（Dor other Lange）曾经总结过纪实摄影的一些特点和概念，定义了纪实摄影的特征、所要反映的题材以及题材中需要关注的焦点和纪实摄影的参与者。

1）人与人的关系，记录人们在生活、工作以及战争中的行为，甚至一年中周而复始的活动。

2）描写人类的各种制度：家庭、教堂、政府、政治组织、社会团体、工会。

3）揭示人们的活动方法：接受生活的方式；表示虔诚的方式；影响人类行为的方式。

4）纪实摄影不仅需要专业工作者参加，而且还需要业余爱好者的参与。

纪实摄影是以记录生活现实为主要诉求的摄影方式，来源于真实生活，如实反映我们所看到的景象，换句话说，纪实摄影有记录和保存历史的价值，所以，纪实摄影具有作为社会见证者的独一无二的资格。

什么是优秀的纪实照片？

优秀的纪实照片首要条件是画面的内容和主题。照片的内容是可以让人充满想象的，可以是有强烈的矛盾冲突的，也可以是温馨自然的，但是其表达的内容一定是真实和有意义的。

无论是平铺直叙还是富有创意，不同的表现手法所要达到的目的只有一个，就是让画面中的"故事"在照片观赏者的心中产生共鸣，带来或多或少的感动和思考、发现和回味。

光圈：F8.0
快门：1/500s
焦距：70mm
ISO 感光度：640
曝光补偿：-0.7EV

优秀的纪实摄影作品总能够引起欣赏者的共鸣。

445 纪实摄影的拍摄技法有哪些？

拍摄纪实摄影题材时，摄影者需要熟练运用相机，把单反相机当做自己身体的一部分，可以选择抓拍、跟拍或者盲拍的方式来进行拍摄。

抓拍是纪实摄影中最常见的一种方法，具体操作就是迅速捕捉精彩，按下快门，定格取景器中看到的一瞬间的精彩画面。这种技法考验的是摄影师快速决断的能力，在极短的时间内让相机的拍摄参数设定与拍摄画面所需要表现的方式达成一致，同时尽量完美地安排画面的构图和镜头的焦距。运用这种拍摄方式可以保持现场的原始气氛，还可以在不干涉拍摄对象的条件下进行拍摄。

跟拍是摄影师对被摄对象进行长期的观察和交流，从一些琐碎的细节里整理出某些头绪，从而反映真实生活状态的一种拍摄方式，被摄对象已经默许了摄影师的拍摄，把摄影师融进了自己的世界，因此拍摄时感觉都是自然地流露。

光圈：F10.0　快门：1/50s
焦距：75mm　ISO 感光度：50

抓拍能够流露出被拍者最真实的生活状态。

446 哪种相机和镜头更适合拍摄纪实题材？

对于纪实摄影题材的创作，一般应选择使用什么样的相机以及镜头来拍摄呢？首先我们要明确一点，任何相机都可以拍摄纪实照片。纪实摄影尽量使用小型的相机，小巧的单反相机不会引起被摄者过多地关注，摄影者要选择操作简单方便、反应迅速的相机来进行拍摄，以求抓住被摄者的精彩瞬间。在拍摄纪实题材时，不需要各种各样花哨的单反外部设备，而是应根据实际拍摄的需要来进行选择。对于镜头来说，可以选择变焦镜头，但大多数的专业摄影师在纪实创作中常常使用定焦镜头，最常用的是35mm镜头，这个焦段比人眼的正常视角稍广一点，拍出的照片拥有丰富的画面元素和舒服的视觉感受，很多大师的经典之作都出自这个焦段。

35mm镜头在纪实摄影中经常用到，能够拍摄出比人眼视角更大的画面，使画面内容更丰富。

447 纪实摄影最重要的特点是什么？

纪实摄影最重要的特点就是记录，记录生活现象。从摄影诞生之时起，人们就常常使用相机留下各种各样的影像，就是为了记录自己身边的生活。纪实摄影是众多有着强烈的社会责任感和优秀良心准则的摄影师发现生活、感受生活的一种方式，他们秉承人道主义的精神，深入观察社会的变迁，记录下珍贵的历史瞬间，拍摄下珍贵的情感体验。

光圈：F9.0
快门：1/320s
焦距：22mm
ISO 感光度：200
曝光补偿：−0.3EV

纪实摄影应真实反映被摄者的当前生活状态，以带给欣赏者最珍贵的情感体验。

448 纪实摄影都有哪些题材？

关于纪实摄影的可拍摄范围非常广，只要是身边发生的事，都可以用相机把它记录下来。纪实摄影按照图片内容的多少和信息量的强弱，一般可以分为单幅小品类的纪实作品和叙述类的纪实作品。在拍摄单幅小品类的纪实作品时，一般是讲述一个故事，反映一类社会现象，因此信息量非常集中，在一幅画面中就包含了时间、地点、人物、事件等信息；而叙述类的纪实摄影作品会更深入地挖掘主题，更全面、更详尽地表现被摄对象，用数量较多的、风格和形式统一的、成组的照片将事情的前因后果、来龙去脉讲述清楚。

一般来说，纪实摄影的题材可以分为以下几种：反映社会现象、记录故事情节的变化、重大历史事件、沧海桑田的变迁等。

光圈：F2.8　　快门：1/6400s　焦距：148mm
ISO 感光度：500　曝光补偿：−1.3EV

记录我们的生活是纪实摄影的一个重要题材。

449 专题形式的纪实摄影有何特点？

专题摄影是用整组的照片讲述故事，往往比单张的照片更让人回味。在整组照片里，单独拿出某一张照片可能显得平淡无奇，但只要把它们放在一起，一定会让人得到某种启示。这种专题形式的纪实摄影常用于记录对时间的感念、特定人群的生存状态或者围绕特定物品或事件发生的故事，展现一段时间内所发生的事件，但是拍摄这种专题形式的纪实照片需要摄影师对事物敏锐的观察能力和长期持之以恒的坚持，才能给欣赏者带来精彩的画面。

这一系列专题摄影展示了制陶的基本过程，给人印象深刻。

黑白的纪实摄影作品有何特点？

现在有越来越多的摄影师选择用黑白形式来拍摄纪实照片，这是为什么呢？在胶片时代，纪实摄影师就喜欢使用黑白胶片进行纪实创作。黑白照片让画面变得干净而纯粹，彩色的消失使画面中色彩杂乱的视觉元素带来的干扰也立即消失，黑白灰的调子能够带给照片一种严肃感，这种视觉感受符合大部分纪实摄影创作的视觉意味，可以有效地突出画面主体，使得摄影主题能够以震撼的方式展现给欣赏者。

光圈：F2.8　　快门：1/125s
焦距：35mm　ISO 感光度：800
曝光补偿：+0.7EV

黑白作品能够很好地打动欣赏者，触动人的心灵。

民俗摄影是怎样定义的？

民俗摄影，概括地说，就是以民俗事象为题材的摄影门类，通俗地说，就是用相机拍摄老百姓自己的生活。

中国地大物博、人口稠密，在各省份、各不同地域，都保存着许多非常有特色的习俗。这些风俗民情，在不同地域的人看来非常具有吸引力。民俗摄影实质上是以摄影人的目光去摄取不同民族、不同背景人群的生存状态、生存方式和生活趣味，而构成了丰富多彩、千姿百态的民俗景象。民俗摄影源于中华民族几千年的灿烂文化，题材广泛，内容丰富。

光圈：F4.0　　快门：1/800s
焦距：200mm　ISO 感光度：200

哈萨克族的民俗活动"姑娘追"。

纪实摄影作品是否都包含主体人物？

纪实摄影并不一定要围绕人物展开，画面中没有人物的纪实照片同样可以非常精彩。这种纪实创作是摄影师表达自我感受的方式，照片中并不需要有特定的主题，也似乎讲不出什么深刻的道理，但照片往往给人特殊的感觉和思想上的愉悦。

光圈：F16.0　快门：1/40s　焦距：29mm　ISO 感光度：160

没有人物的纪实摄影作品也能够表达出特定的主题，震撼人的心灵。

纪实摄影有何社会意义？

纪实也是证明或者证据。记录社会生活等的纪实摄影，表现了摄影者对环境的关怀，对生命的尊重，对人性的追求。纪实摄影师以冰冷的机器记录边缘景象或被人们有意无意间"忽视"的事实，却往往能借着影像的力量，使摄影成为参与改造社会的工具。从纪实摄影发生的社会背景与历史来看，它的批判性和记录性不言而喻。纪实摄影史就是一部摄影者对人世间的正义、不公、光明、黑暗等事实进行记录、表述与传播的历史。通过影像，他们达到宣传鼓动，进而促进社会变革，使人间更美好的目的。

454 怎样拍摄不可复制的历史瞬间画面？

要想得到一张成功的纪实照片往往不容易，纪实摄影的拍摄机会和成功率往往是可遇不可求的，那么怎样拍摄不可复制的历史瞬间画面呢？有些成功的摄影师说，获得一张好照片不过是在合适的时间内，摄影师出现在合适的地方，用一个合适的角度拍摄下画面。在实际生活中，我们不用逼迫自己一定要在某个时间里拍摄到什么样的照片，更多的时候可以把相机随时带在身边，用敏锐的眼光来记录自己身边发生的精彩瞬间，因为机会总是留给那些有准备的人，只要善于观察，就能拍摄到精彩的瞬间画面。

光圈：F8.0　　快门：1/2s
焦距：35mm　　ISO 感光度：400

国际奥委会主席比利时人罗格在2008年北京奥运会开幕式上的讲话。

455 如何拍摄沧海桑田的变迁？

随着时间的流逝，历史不断变迁，曾经的繁华尘世可能不久后就会成为云烟，留下的可能仅仅是苍凉或没落的背影。拍摄下特定场所在变迁中或变迁后的画面，有很大的纪念价值，能够反映出一些时代或历史的变迁，具有较强的视觉冲击力，让人感叹时间的力量。

光圈：F16.0
快门：1/320s
焦距：35mm
ISO 感光度：100

曾经繁华的街头如今已经物是人非。

10 摄影实拍知识四：微距与花卉摄影

456 微距镜头最大的特点是什么？

微距镜头是一种用做微距摄影的特殊镜头，主要用于拍摄十分细微的物体，如花卉及昆虫等。为了对距离极近的被摄物也能正确对焦，微距镜头通常能够拉伸得更长，以使光学中心尽可能远离感光元件，同时在镜片组的设计上，也注重近距离下的变形与色差等的控制。大多数微距镜头的焦长都大于标准镜头，可以被归类为望远镜头，但是在光学设计上可能不如一般的望远镜头，因此微距镜头并非完全适用于一般的摄影。

微距镜头能够对距离极近的物体进行对焦，表现出微观世界的美。

457 微距摄影闪光灯有什么特点？

进行微距摄影时，良好的光线是拍摄成功的一个重要条件，闪光灯是微距摄影中较常用到的附件。使用单反相机的内置闪光灯进行微距摄影并不是很好的选择，内置闪光灯光线过于单一，并且容易形成强光照射点，使被摄对象正对相机镜头的部位过亮而失去大量细节。辅助微距摄影的照明系统需要非常专业的闪光灯，专业闪光灯系统具有多角度、不同亮度进行补光的特性，每个闪光灯都具有专属的放置区域，可制造出平衡、均匀的效果。

微距摄影闪光灯能够从多角度对物体进行补光，且光线均匀，使画面柔和。

458 为什么说三脚架是微距摄影的必备附件？

拍摄微距照片，诀窍就是聚焦要精确，因为微距照片的清晰焦点范围很小，拍摄时轻微的抖动都会使画面模糊或对焦点不准确。这时，就需要使用三脚架的辅助作用，三脚架可以使相机保持稳定，消除手持相机的不稳定性，使对焦更准确。所以，三脚架对于微距摄影来说是必备的附件。

微距摄影中，三脚架是必备的附件，可有效消除手持相机造成的抖动。

459 微距摄影中反光板有什么用处？

反光板在微距摄影中也经常用到，它的作用是反射光线，为物体补光，可以让平淡的画面变得更加饱满，体现出良好的影像光感、质感，也可以使需要突出的细节部分拍摄得更清晰。有些反光板是专为微距摄影设计的，当中有一个空位让镜头伸出来，采用反光板补光的方式可以让拍摄的照片效果看起来更加自然，而且，反光板补光柔和，不会造成闪光灯补光带来的尖锐感。

光圈：F5.6　　快门：1/13s　焦距：400mm
ISO 感光度：640　曝光补偿：−0.3EV

利用反光板可以对物体的背光面进行补光，且光线柔和。

460 微距摄影中快门线和预升反光板有什么用处？

在使用单反相机拍照时，按下快门的瞬间动作会使机身产生一定的位移。虽然在平时的一般摄影中对画面的影响不大，但是在微距摄影中，极小的震动都会给画面带来很大的影响，造成画面模糊。这时，可以使用快门线或预升反光板来尽量减少相机震动。

光圈：F11.0　　快门：1/350s
焦距：400mm　ISO 感光度：400

快门线可减少按下快门时相机的抖动，使对焦点清晰。

微距摄影中背景布有什么用处？

在进行微距摄影时，为了使主体更加突出，可以使用背景布来代替杂乱的背景，使被摄体在画面中简洁干净，避免使被摄体淹没在背景中。背景布有植绒布、无纺布、毛毡布等材质，颜色也有多样，摄影者应根据被摄物体的特点选择合适的背景布。

光圈：F11.0
快门：1/400s
焦距：100mm
ISO 感光度：200
曝光补偿：−0.7EV

黑色的背景布能够遮挡杂乱的背景，使画面更简洁，主体更加突出。

如何拍摄单独的花朵？

单一的花朵无论质感还是形态，都具有很强的表现力，通过不同的光影与构图，可以表现出形态各异的效果。在拍摄单一的花朵时，我们所要表现的重点应放在其形态美感和细节美感上。拍摄时可以遵循黄金分割法则，把整个画面按井字分割，将画面中的兴趣点放在一个交叉点上。构图时应注意，尽量使背景干净利落，不要有过多的视觉元素，不然会影响主体的表现效果，使画面显得很乱。

光圈：F2.8　　快门：1/250s
焦距：180mm　ISO 感光度：200

表现单独的花朵时，背景应简洁且应虚化，以更好地突出花朵。

怎样拍摄昆虫？

昆虫是微距摄影中非常重要的一个题材，摄影爱好者可尝试着进行一些昆虫题材类的摄影，如单独的昆虫形态、昆虫与花卉、昆虫与其他植物等。在拍摄昆虫时，时间常常选择在早晨，太阳初升，昆虫经过长夜后体温开始回升，一般都出来活动，这时是拍摄昆虫比较理想的时机，不仅露水减缓了它们的活动，而且斜射的阳光也会带来一种出彩的光线。在拍摄时，尽量把昆虫眼睛和头部的细节特征表现出来。拍摄昆虫与植物的微距照片时，动静对比法是较常用的，静静的花蕊或枝叶，搭配上舞动的蜜蜂或是其他昆虫，动静对比明显，画面显得非常和谐；另外，色彩的对比也很常见，许多昆虫在艳丽的花蕊或是嫩叶上停留，并与植物的色彩相差很大，非常突出。

| 光圈：F5.6 | 快门：1/125s | 焦距：400mm |
| ISO 感光度：200 | 曝光补偿：-0.7EV | |

蜻蜓立在花苞上，明快的色调传达出优美的意境。

怎样表现花瓣的质感？

拍摄微观世界，主要是为表现被摄对象的细节表现力，也就是其质感的表现力。对于微距摄影来说，质感是非常重要的一项评价标准。要表现花瓣的质感，良好的稳定性、有层次的影调、清晰的对焦这几个因素是非常重要的，摄影者可使用三脚架辅助拍摄，拍摄时利用斜射光、侧光等光源对准花瓣进行拍摄，即可表现出花瓣较好的质感。

光圈：F8.0
快门：1/100s
焦距：100mm
ISO 感光度：200

侧光很好地表现了花瓣的质感，仿佛透明一般。

怎样表现花蕊的形态？

花卉是最为常见的拍摄题材，除了漂亮的外形，其奇妙的内部结构，尤其是花蕊的形态，同样非常美丽，如果用微距镜头将花蕊的形态表现出来，会使人眼前一亮。

拍摄花蕊时，可以不带花瓣，虽然简约，但也可拍出新意。最好将花蕊安排在画面的视觉中心，以起到突出主体的作用，同时花蕊也不宜取得太多，以使画面简洁。利用微距镜头在离花蕊很近的距离拍摄，加大花蕊在画面中所占的面积，易于表现花蕊的细节特征，背景也会虚化得比较理想，宜用侧光或侧逆光，使花蕊更加具有质感和立体感，然后对准花蕊拍摄，即可完美表现花蕊的形态。

光圈：F2.0　　快门：1/500s
焦距：200mm　ISO 感光度：200

靠近拍摄花蕊，给人极强的视觉体验。

拍摄微距是否需要使用最大光圈？

在选择使用微距镜头来拍摄时，大光圈要谨慎使用，因为微距摄影本身景深就极浅，再使用大光圈，景深也许就在几毫米之内。换句话说，焦点之外几毫米的物体可能都是模糊的，拍出来的画面除了焦点处，其他区域都容易变成一片模糊。

在拍摄微距作品时，一般需要使用三脚架辅助拍摄，可以不受曝光时间的限制，不怕因曝光时间过长而造成画面模糊的情况，因此，在光圈的选择上应尽量使用镜头的最佳光圈，一般是最大光圈缩小2～3挡，而不需要使用最大光圈来进行拍摄。

光圈：F4.0
快门：1/80s
焦距：105mm
ISO 感光度：200
曝光补偿：－0.3EV

微距摄影时，最好降低2～3挡最大光圈值拍摄，这样能够得到主体清晰、背景虚化的效果，避免出现因光圈值过大造成的对焦不准确现象。

11 摄影实拍知识五：
建筑摄影

467 什么是建筑摄影？

建筑摄影是以建筑为拍摄对象、用摄影语言来表现建筑的专题摄影。建筑摄影的拍摄范围很广，可以是建筑的整体，也可以是建筑的局部；可以是室外，也可以是室内。写实类建筑摄影要求忠实表现建筑师的设计意图和建筑功能，客观真实地再现建筑的正立面、侧立面、透视和室内装饰等情况，通常用于商业摄影；写意类建筑摄影属于艺术摄影范畴，更多的是表现摄影师对建筑的主观感受。摄影师通过对建筑的观察和表现，来反映自己的摄影思想。这种拍摄方式完全可以摆脱客观的限制，根据摄影人的理解和感悟，运用各种各样的摄影技术来表现建筑的韵律美、色彩美和构图美。

光圈：F3.2　快门：1/25s　焦距：14mm
ISO 感光度：200　曝光补偿：−1.3EV

建筑物摄影范围很广，但都是要表现出建筑物的美。

468 怎样表现出建筑物压迫性的气势？

在拍摄建筑物时，除了如实还原建筑的真实面貌，还可以根据建筑物的结构，选择使用不同的镜头，来进行不同的个性创作。在通常情况下，可以采用广角镜头利用低角度向上仰视的拍摄手法，造成近大远小的变形，会表现出建筑物压迫性的气势。

光圈：F4.0　快门：1/30s　焦距：16mm
ISO 感光度：1600　曝光补偿：+0.3EV

仰拍建筑，突出了建筑物的气势。

469 怎样表现出建筑物广阔连绵的气势？

俯拍建筑，往往会给人带来一种很强烈的视觉新鲜感，可获得大场景的画面效果。在高处通过俯视的角度往往能够收取城市中建筑的全貌，表现出建筑物广阔连绵的气势，画面透视感强烈。

光圈：F13.0　快门：1/200s　焦距：135mm
ISO 感光度：100　曝光补偿：−0.7EV

从高处俯拍建筑，可以表现出建筑物的连绵气势。

建筑物的前景和背景如何选择？

前景与背景是画面的有机组成部分，与被摄主体的关系会直接影响画面的视觉效果，是构图中不可忽视的内容。恰当地利用前景可以增强画面的纵深感，突出被摄主体，从而提高画面的艺术感染力。建筑摄影中能作为前景而加以利用的景物很多，如花坛、与建筑主题相呼应的雕塑、富有图案美的门框窗洞、湖面上的建筑倒影和大树等。背景在构图中的作用主要是衬托主体，丰富主体。对于那些与主题无关，甚至会喧宾夺主、破坏画面效果的景物应避免作为前景或背景出现在画面中。当被摄体后面出现杂乱的背景时，可以改变相机的拍摄高度，还可以改变拍摄距离，或离被摄体近一点，或离被摄体远一点，或调整焦距，常常能得到满意的效果。

光圈：F3.5　　快门：1/30s
焦距：16mm　ISO 感光度：1000
曝光补偿：−1.0EV

以树木作为前景，使欣赏者视线自然过渡到建筑物上。

怎样拍摄出建筑表面的纹理及材质结构？

在建筑摄影中，摄影者大多会选用广角镜头来拍摄完整的建筑物形态，而表现建筑表面的纹理及材质的照片并不多见。其实，一位优秀的摄影师不但能把握建筑物的整体形态，也可以发现它的细节美感。

在拍摄时，可以使用长焦镜头进行建筑的局部特写，意在着重刻画建筑物的形态和光泽，根据建筑材料的不同，选择不同的技法来表现，比如在现代建筑中，钢铁材质和玻璃幕墙被大量使用，金属材质的表面造型往往具有立体的凹凸变化，而玻璃对光线有吸收和反射的双重作用，其上产生的光影同样多变。

光圈：F6.3　　　快门：1/60s
焦距：100mm　ISO 感光度：100
曝光补偿：+0.3EV

拍摄建筑物的局部特写，并运用侧光，可表现出建筑物的纹理。

472 拍摄建筑物时线条具有何种作用？

画面中的线条具有很强的概括力和表现力，在构图中占有重要的地位。在拍摄建筑物时，线条的作用同样不可忽视。建筑物线条的形式多种多样，如直线（包括水平线、垂直线、斜线）、曲线、折线、圆弧线等。不同的线条不仅使建筑物具有线形、图案的形式美，还能产生不同的艺术感染力，如直线具有挺拔感，水平线能给人以平稳、宁静的感觉，垂直线能强调建筑物的坚实、有力、高耸感，斜线对人的视线有极强的引导性，曲线、圆弧线则表现一种优美的柔和感，有很强的造型力。线条除了在线形上有区分外，还有粗与细、实与虚、淡与浓之分。在拍摄建筑物构图时应尽可能充分利用线条的形式美和它们的艺术感染力，通过精心设计来提高画面的艺术性。

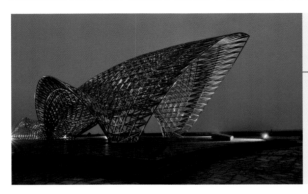

光圈：F14.0　快门：3s
焦距：13mm　ISO 感光度：200
曝光补偿：−0.3EV

独特的建筑物造型给人时尚、动感的视觉体验。

473 建筑摄影应如何用光？

建筑是依靠自身的三度空间来表现其立体的空间，而用平面的照片形式来表现立体空间时，在一定程度上将有赖于光与影。正确用光的含义是指控制光的方向、强度和品质，既要表现出受光面材料的纹理质感，又要能显示出阴影凹处的深度而又不失凹处的细节。摄影者要从创作意图出发，运用光的造型特点来体现建筑物的质感，如木柱、石阶、砖墙、琉璃瓦等，使画面生动逼真。

在白天光线充足的条件下进行拍摄时，多采用侧光、斜射光等光线，此时的建筑物明暗反差大，色彩饱和度高，可以刻画建筑物的层次和立体感。日出和日落时分是拍摄建筑逆光照的最佳时刻，这时所有景物都会笼罩在金色的光辉之下，建筑物的轮廓成了视觉主要要素，而建筑物的空间、质感、色彩大都隐没在阴影之中，建筑细部因曝光不足隐藏在阴影中，剪影轮廓成了画面的主题。低角度的阳光还会产生长长的影子，使画面更具情趣。

光圈：F22.0　快门：8s
焦距：105mm　ISO 感光度：200
曝光补偿：+0.3EV

夜晚的鸟巢流光溢彩，灯光璀璨。

12 摄影实拍知识六：宠物摄影

474 宠物拍摄的技巧有哪些？

现在很多家庭中都会饲养宠物，用相机记录下它们平时有趣的时刻是非常惬意的，但是宠物是拍摄难度较大的题材之一，拍摄宠物需要一些技巧。

1）拍摄宠物时，对焦点应选择在宠物的眼睛上，表现宠物活泼或凶猛等性格，使画面生动有灵气。

2）拍摄宠物时，应尽量使用自然光线。由于很难控制宠物的行为，在室内使用照明光源拍摄有一定难度，而如果使用闪光灯则可能会惊吓到宠物。

3）为了消除杂乱的背景，一般使用较浅的景深，虚化背景来突出主体，给宠物单独的特写。

4）宠物的行为一般很难受控制，所以在找到合适的拍摄角度或拍摄时刻后，可以利用足够快的快门速度并采用连拍的方式进行拍摄，那么有更多的机会拍摄到精彩的画面，然后从中挑选自己最满意的效果即可。

光圈：F7.1　　快门：1/200s
焦距：17mm　ISO 感光度：100

在宠物最放松的状态下拍摄，画面自然而温馨。

475 不同特点的宠物应如何拍摄？

不同种类的宠物往往具有不同的性格，或活泼友善，或老实憨厚，或凶悍威猛。摄影师在拍摄时就要加以区分，真实再现出宠物的个性。例如，拍摄狗狗时，其呆呆傻傻望着主人时的憨厚，或是听到某些响声后立起耳朵雄赳赳的气势，都是表现的重点；拍摄小猫时，它打哈欠时或眼睛瞪大的样子都是很好的拍摄题材；如果你的宠物活泼好动，那就多拍拍它运动时的样子，或是它顽皮时的一些小把戏；在拍摄一些小型的宠物时，可采用微距镜头，能够表现出小动物细腻的毛发质感等。但要注意，在拍摄小宠物时，尽量不要惊吓到它们。

光圈：F1.4　　快门：1/125s
焦距：35mm　ISO 感光度：640
曝光补偿：−0.3EV

拍摄鱼缸中的鱼儿时，应紧贴浴缸壁，防止玻璃反光，还应注意不要使用闪光灯，以免惊吓到它们。

476 拍摄宠物时怎样选择拍摄地点？

无论拍摄何种宠物，拍摄者都需要对宠物的习性相当熟悉，而对宠物最熟悉的当然是它们的主人，所以由主人拍摄他们的宠物是最好不过的。另一方面，由于宠物习惯了与主人相处，比较容易流露出最自然的一面，拍摄时也比较容易捕捉到一些有趣的动作。相反，如果由其他人拍摄的话，对陌生人抗拒的宠物可能需要一段时间适应。由于猫对陌生环境比较害怕，因此比较适合在家中拍摄。至于狗狗则要视乎性格，逛街不多的狗狗一上街就显得非常兴奋且难以控制，拍摄起来也有一定难度。总而言之，宠物在最自在、最安心的情况下才能够"入戏"，拍摄前花一点时间与宠物混熟是很有必要的。

光圈：F10.0　　快门：1/400s
焦距：200mm　　ISO 感光度：1250

在家中拍摄猫咪，可使猫咪呈现最自然的状态。

477 宠物摄影的用光是怎样的？

在室内拍摄宠物，光源是首要考虑的因素。如果在白天拍摄，可以利用自然光，用窗外透进来的自然光照明，可以达到自然的效果。如果有反光板补光那就更好了，可以减少宠物的背光阴影，如果没有反光板，用白色的毛巾、床单代替也可以。

如果室内没有自然光，就要将室内的灯光打开，并使用较高的感光度（如ISO 800以上）并开大光圈以减少画面的晃动模糊。比较灵活的方法是使用闪光灯，将灯光打到反光板上，用反光板反射的光为宠物照明，注意不要将闪光灯直接对准宠物进行拍摄，那样会使宠物的眼睛反光而出现"红眼"现象，也会惊吓到宠物。另外，在闪光灯上加上柔光装置，可以令光源更加柔和。

光圈：F4.0
快门：1/60s
焦距：200mm
ISO 感光度：640

在自然光下拍摄宠物，可使宠物毛发的颜色得到最真实的还原。

478 拍摄宠物时为何需要耐心?

拍摄宠物是很需要耐心的，当花了时间与宠物混熟之后，还要花不少时间来"等"，究竟要等什么呢? 就是要等宠物出现有趣的动作时再拍摄。宠物不能完全理解人的语言，一些出于自然的动作，就不能靠引导或者训练令它们做出来，如吐舌头、打哈欠、舔毛等动作不是随时都会做的，可能需要等待很久才能拍到一张满意的照片，这时就需要摄影者要有耐心。

| 光圈：F1.4 | 快门：1/500s |
| 焦距：50mm | ISO 感光度：400 |

经过耐心等待，才能抓拍到有趣的画面。

479 如何引导宠物?

无论猫或狗，摄影者都可以引导它们来做出一些值得拍摄的动作，例如它们看到喜欢的食物时通常会舔舌头。如果狗狗训练得好的话，可以很容易通过指令来做出不少有趣的动作，例如翻转、奔跑、跳栏、接球等。以引导方法拍摄时，最好是由主人来引导宠物，摄影师则专注于拍摄。

在引导宠物时要注意镜头的方向，摄影师要赶在宠物前面拍摄，然后由引导者将宠物引导至走向或望向镜头的方向，不要跟在宠物的屁股后面拍。拍摄时也常会采用与宠物水平的角度，因为从高角度拍摄通常只能拍到宠物的背部而不能拍到脸部。

| 光圈：F2.8 | 快门：1/90s |
| 焦距：70mm | ISO 感光度：200 |

用食物引导猫咪，使它专注地看着食物，这时可以趁机拍摄。

480 如何拍摄猫的眼睛?

猫的眼睛给人一种神秘的感觉，它的瞳孔可以随光线强弱而扩大或收闭。在光亮的环境下，猫的瞳孔会收细变成一条窄窄的垂直线; 在黑暗中，猫的瞳孔可以张得又圆又大，猫眼底有反射板，可将进入眼中的光线以两倍左右的亮度反射出来，当猫在黑暗中瞳孔张得很开时，光线反射下猫眼会发出特有的绿光或金光。

如果在光亮的环境下拍摄，那么会拍摄到瞳孔变成一条线的猫眼; 要拍摄到瞳孔张开的猫眼，就需要在昏暗的环境下拍摄，同时利用反光板为猫补光，防止画面过暗。

光圈：F4.0	快门：1/125s
焦距：135mm	ISO 感光度：100
曝光补偿：-0.7EV	

在明亮的环境中，猫的瞳孔会变成一条线。

13 摄影实拍知识七：舞台与体育摄影

舞台摄影一般需要何种相机？

舞台摄影往往是专业级相机的统治领域，无论是胶片相机还是数码相机，一般在进行舞台拍摄时优先选择专业级单反相机。毕竟，单反相机的对焦速度、高感光度细腻表现力、快门延迟、超长焦距、大光圈镜头的进光量等都是消费级数码相机可望而不可即的。

舞台摄影属于专业摄影领域，需要专业级的数码单反相机。

舞台摄影对镜头有什么要求？

舞台摄影受限制较多，因此对镜头的要求也较多。舞台摄影时，一般不能太靠近舞台，而要想拍摄出舞台表演的主体，应使用长焦镜头进行拍摄，一般情况下，常用180～200mm的望远镜头及300mm以上的超望远镜头。

舞台摄影包括的范围很广，有戏剧、舞蹈、音乐、曲艺、杂技等多方面内容，舞台演出的形式又是丰富多样、风格各异的，所以在拍摄前，要熟悉各种艺术的特点，以便于拍摄到理想的画面。

舞台摄影时因为照明主要来自舞台灯光，它比外界自然光要暗得多，光线较暗而且变化多。各个剧场的灯光情况并不一样，亮度也不同，所以在拍摄时一定要掌握好合适的曝光，选择一只大光圈镜头是很有必要的，另外，还可以调高感光度来保证画面的曝光。

舞台摄影时，需要结合三脚架进行拍摄，三脚架可有效防止拍摄时的抖动，以便于拍摄出清晰的画面。

舞台摄影时，一般距离舞台较远，因此准备一只望远镜头是很有必要的。

舞台摄影的前期准备工作有哪些？

一般来说，舞台摄影在拍摄之前必须确定好以下三方面的问题。

1）确定想拍摄的节目、想拍摄的演员或者某个重要场景，这样拍摄起来才有目的性。

2）预先选择好拍摄的位置，注意与舞台距离不能太近，否则角度太仰，另外，距离又不能太远，否则拍不清楚演员。

3）一般来说，拍摄前要根据现场环境调整好相机的白平衡、安全快门以及手动对焦时的大概对焦距离等参数。

484 哪种曝光模式适合拍摄舞台题材？

舞台灯光变换快，且光源环境复杂，提前设定好的曝光组合往往只在某一瞬间能抓拍到曝光准确的画面，而更多的情况是画面曝光不足或过度。在这种对曝光没有把握的情况下，或相机不易正确测光的场合下，采用包围曝光法可以较好地解决这个问题。使用包围曝光法时，先按照测光值进行曝光，拍摄一张照片，然后在其基础上增加和减少一定的曝光值后各曝光一张，即拍摄3张等差曝光量的照片，一般是以0.5EV的包围程度来设定，也可以按照级差为1/3EV、1EV等来调节曝光量，每张照片的曝光量均不相同，这样等拍摄结束以后，就可以从这些照片中挑选出一张最令人满意的照片。

曝光补偿：0EV

曝光补偿：+0.3EV

曝光补偿：+0.6EV

利用包围曝光方式拍摄的3幅照片，可以看到，曝光补偿为+0.3EV时，画面曝光最准确。

485 怎样拍摄舞台主体人物？

舞台摄影时，舞台人物是重要的拍摄对象。在拍摄之前，如果有条件最好能先观赏一次，以预知表演过程的一些变化，如何时跳跃、翻滚等，提前做好准备捕捉瞬间的美感。拍摄舞台人物时，有两种表现手法：一是利用高速快门拍摄舞台人物瞬间凝结的动作；二是利用低速快门表现人物的运动模糊效果，为画面带来动感。摄影者可以根据具体情况选择不同的拍摄手法来表现舞台主体人物。

表现舞台主体人物时，可以拍摄单个人物的特写画面，还可以拍摄舞台上的多个人物，他们或静或动，突出人物之间的关系，也可以在画面中纳入人物与背景环境，使现场感更强烈，但是背景环境的亮度不宜太亮，以免分散观赏者的注意力。

光圈：F4.0　　快门：1/40s
焦距：165mm　ISO 感光度：500
曝光补偿：+0.3EV

对准舞台主体人物进行测光，使这部分曝光正常，则背景处于阴影中，突出了主体人物。

486　怎样拍摄舞台整体效果？

舞台摄影时，通常会拍摄舞台主场景的完整画面，交代清楚舞台场面，有利于帮助欣赏者认识拍摄主题。拍摄舞台整体的效果可以使欣赏者在看到照片时即清楚作品要表达的主旨。拍摄舞台整体效果有多种手法，如果仅是简单的记录，则会给人以平淡无奇的感觉。拍摄者可以通过光圈、快门以及白平衡等参数的设定，增加作品的吸引力，如利用慢速快门制造动态模糊，得到一种动静结合、虚实相间的特别效果；或使用大光圈虚化背景，突出表现主体人物的神情、动作等。

光圈：F4.0　　快门：1/180s
焦距：32mm　ISO 感光度：800
曝光补偿：−1.0EV

利用广角镜头记录了舞台整体的效果。

487　怎样拍摄演员动静结合的画面？

动感舞台的影像很迷人，如果技术运用得当，能够让静止的画面呈现出动静结合的感觉。摄影者可以先观察被摄对象的运动状态，然后设定合适的快门速度，即可拍摄出运动主体动静结合的画面。例如，使用1/80s的快门速度拍摄，能够凝结主体瞬间静态的画面，使用1/20s的快门速度拍摄，主体会因为运动而完全模糊掉，那么在拍摄时可以选择使用1/50s左右的快门速度，这样主体会表现出面部及身体躯干静止而人物肢体动作模糊虚化的效果。

光圈：F6.3　　快门：1/30s
焦距：300mm　ISO 感光度：640
曝光补偿：+0.3EV

利用快门的变化表现出演员动静结合的表演魅力。

488 体育摄影对相机有什么要求？

进行体育摄影，一般应选择对焦点多、连拍速度快的相机，因为对焦点多可以方便拍摄不同位置的主体时对焦，而连拍速度快可以快速连续地拍摄获得某一场景的多幅照片，然后从中挑选完美的拍摄效果。另外，拍摄体育运动最好使用全画幅机型，全画幅机型除了画质更加优秀之外，还能获得更大的画面视角。因此对焦点多、连拍速度快、全画幅是拍摄体育赛事最好的机型。

对于镜头来说，由于要经常性地远距离拍摄，并且需要虚化背景，突出运动主体，因此100mm焦距以上的大光圈望远镜头也是必需的。

体育摄影对器材的要求较高，专业的相机才能满足体育摄影的要求。

489 体育摄影的镜头一般在哪个焦段？

由于体育摄影多数时间都是从远程拍摄，所以长焦、超望远镜头是必需的选择。不同的体育运动需要不同焦距的长焦镜头。例如，对于篮球运动，可能100~300mm焦距的镜头就足够拍摄基本的动作了，而400~600mm焦距的镜头可能更适合足球运动。当然，拍摄竞赛赛场的大场面或大型团体操之类的画面时，一只28mm焦距的广角镜头也是需要的。

体育摄影时，准备一只长焦镜头是必需的。

490 体育摄影时如何选择合适的拍摄地点？

体育摄影中选择拍摄地点时，首先要考虑拍摄的视野，视野要开阔，既要能够拍摄全景，也要能够尽量捕捉到运动员的表现。

其次，要了解体育比赛的各种因素，根据经验和需要选择一些合适的角度进行拍摄。拍摄者可以根据规律性的认识做出判断，例如，在中长跑比赛中开始的时候争抢内道的镜头，跨栏比赛时运动员跨越第一个栏时的激烈竞争，而团体的项目可以用广角镜头，在高处俯拍，这样有利于表现整体的比赛场景。

另外，不同表现力和效果的镜头画面，其拍摄的时间和地点也有所不同。例如，同样是短跑，如果想表现比赛的激烈感觉，就要在运动员侧面拍摄，如果是想表现比赛运动员的力与美，就要抓拍起跑后的一瞬间，而如果想表现运动员的神情，那么就要在跑道的直线处用长焦镜头抓拍。

光圈：F2.8　快门：1/50s
焦距：200mm　ISO感光度：100

观看滑冰比赛时，在弯道处等待运动员，待运动员进入镜头后进行拍摄，可将运动员的动作、神情等表现得淋漓尽致。

491 什么是快门提前量？

所谓快门提前量，就是当拍摄运动中的人物和物体时，考虑到拍摄者对动态的反应速度和相机快门的反应速度，按快门就要有一定的提前量，要在动作的高潮和精彩瞬间出现之前的一刹那间按动快门，才能拍摄到精彩的动作。

492 体育摄影中为什么要有快门提前量？

体育比赛的经典画面总是转瞬即逝，等人眼看到再按下快门，大多数情况下是来不及的，因此，摄影者在拍摄时，应该有一定的预判，并且应提前按下快门。举例来说，赛跑的运动员在撞线的刹那，摄影者是很难掌控的，等到摄影者眼睛看到运动员撞线再按下快门，就会错过精彩的场面。因此在运动员还未撞线，但接近撞线的刹那按下快门，则可以拍摄到撞线时刻的精彩瞬间。

光圈：F2.2
快门：1/640s
焦距：200mm
ISO 感光度：500
曝光补偿：−0.7EV

在体操运动员腾空前一刻就应按下快门，这样即可拍摄下运动员在空中跃起完美的瞬间。

493 如何在体育摄影中精确地掌握提前量？

在体育摄影中，只有合理地运用提前量，才能使拍出的照片恰到好处地反映动作的精彩瞬间，完美地表现出体育项目的特点。正确地掌握和精确地使用提前量、不失时机地按下手中相机的快门时，要注意以下几个方面。

1）要了解并掌握拍摄项目的特点，熟悉运动员的动作，确定什么是动作的高潮，什么是动作的过渡，应该在什么时候按动快门。

2）要了解并掌握所拍摄项目的速度，从而确定在拍摄时所用的快门速度和确定提前量。

3）拍摄时要有预见性，要根据场上不断变化的形势当机立断按动快门，稍有犹豫就会错过时机。

体育摄影中的定点拍摄方法是什么？

定点拍摄是体育摄影中经常采用的一种拍摄方法。所谓定点拍摄，是指根据拍摄现场的光线条件等，将相机的光圈和快门速度预先进行合理的组合，然后将镜头的对焦点调到所要拍摄的点上，等待拍摄时机。

定点拍摄的优点在于捕捉动作瞬间准确、迅速、及时，能拍出和预期效果大致相同或者超过预期效果的照片，主要用来表现竞争的场面、运动员的精神面貌等。因此，定点拍摄对拍摄那些预先比较熟悉、路线、距离比较固定的动作非常有效。只要动作选择准确、焦点对实、拍摄时恰到好处，就一定能拍出精彩的照片。

采用定点的方法拍摄体育照片时，快门速度一般要在1/250s以上，而对跳水的空中翻腾和体操的跳跃翻腾动作等快速旋转的动作，则要用1/500s以上的快门速度，以保证能凝固运动员的瞬间动作，使画面清晰。

光圈：F5.6　　快门：1/1000s
焦距：500mm　ISO 感光度：200
曝光补偿：−0.3EV

先对准赛马运动员即将出现的平面对焦，待运动员出现在该平面时，按下快门即可。

体育摄影中横向追随的拍摄方法是什么？

横向追随也叫平行追随，它是捕捉动作、模糊背景、突出主体、渲染气氛、表现动感的一种行之有效的拍摄方法。当运动员的前进方向与拍摄者之间成平行状态时（斜向、垂直状态皆可），就构成了横向追随的拍摄条件。横向追随的拍摄方法是，拍摄者的相机镜头跟随动体，并与动体保持相同的速度向一个方向移动。当动体到达理想的拍摄点和拍摄时机时，按下快门。在按动快门的同时和按动快门之后，相机要始终和动体保持相同速度移动。由于相机跟随动体移动，此时的背景相对于相机是移动的，所以照片中的背景是模糊的，并且会呈现出许多流动的线条。

光圈：F2.8　　快门：1/1000s　焦距：
400mm　ISO 感光度：800
曝光补偿：−0.3EV

镜头追随运动员的运动轨迹，这样运动员相对镜头是静止的，而背景则是虚化模糊的。

496 体育摄影中如何选择快门速度？

根据体育项目的不同特点去选择快门速度，是体育摄影中使用器材首先要考虑的问题。拍摄动体时，重要的是懂得快门速度的快慢会产生怎样的效果，然后就可以根据表现意图去选择相应的快门速度。

当快门速度快时，运动影像会被凝固，能将动体影像清晰地记录下来，凝固的动体影像往往擅长于表现动体的优美姿势。要取得这种效果，需要使用较高的快门速度，如1/1000s的快门速度即可将大部分动体记录清晰。

当快门速度慢时，动体影像变得模糊，画面具有强烈的动感，但对动体的面目、姿势表现不清。模糊的动体影像往往用于表现高速运动的体育项目，能再现快速运动的动体在我们眼前飞驰而过的情景。通过模糊的动体与清晰的背景对比，来表现出强烈的动感。

光圈：F5.6　　　快门：1/1000s
焦距：500mm　　ISO感光度：200

适中的快门速度可以使人物看上去静止，而人物手中的球拍和网球则处于运动模糊状态。

497 体育摄影中影响快门速度的因素有哪些？

在体育摄影中，对快门速度产生影响的因素有多个，分别是被摄主体的实际运动速度、被摄主体运动的方向、被摄主体与相机之间的距离以及镜头的焦距。

1）动体运动速度越高，就需要用越高的快门速度。只有根据动体运动的状态和速度来选择适当的快门速度，拍出的图片才会富于个性，不仅能够有效地记录，而且能有效地增强图片的表现力。

2）拍摄者和动体间方向角度的变化，即动体的运动方向和相机镜头所形成的角度越大，快门速度也应越快。当动体的运动方向与相机镜头所成的夹角为0°时，即动体迎面而来或背向而去，则相对位移较慢，可用较慢的快门速度拍摄；当动体的运动方向与相机镜头所成的夹角为45°时，位移速度提高，要适当提高快门速度，才能拍到动体的清晰影像；当动体的运动方向与相机镜头所成的夹角为90°时，人眼感受到的动体位移速度最快，因此快门速度还要提高，才能抓拍到动体。

3）由于距离与位移的关系，拍摄者距离动体越近，快门速度就要越高；反之，快门速度可放慢。

4）快门速度应随镜头焦距的增大而增高，长焦距镜头必须使用高速快门。

498 体育摄影的技巧有哪些？

拍摄体育方面的题材需要注意的问题很多，下面列举几条比较重要的技巧。

1）适当的快门提前量。当抓拍运动员的某一快速变动的动作时，要在动作的高潮和精彩瞬间出现之前的一刹那间按动快门。如果摄影者用肉眼看到动作出现时再按动快门，那么就来不及了，因为大脑反应还需要一定的时间，经过这段时间后，精彩往往已经不在。

2）"守株待兔"抓拍。将相机的光圈、快门速度和感光度等参数，根据现场的光线条件，预先进行合理的组合，然后伺机拍摄。定点拍摄的优点在于捕捉动作瞬间准确、迅速、及时，拍出的照片能恰到好处地反映动作高潮。

3）追踪拍摄与中途变焦。利用追踪拍摄或中途变焦等拍摄技巧，可以拍得冲击力非常强、非常有特色的体育比赛作品。

14 摄影实拍知识八：
展会与会议摄影

499 展会摄影的器材有什么要求？

拍摄展会现场时，人流往往很大，在人来人往中拍摄照片，器材不要带太多，如三脚架及快门线等可不必携带，一般准备一只涵盖中焦段和长焦段的变焦镜头足矣，即镜头也不要多带，一只70-200mm焦段的镜头就足够了。一般用镜头的广角端拍摄稍大一些的场景，如展会的整体氛围，而拍摄远处的展台时，若无法靠近拍摄，就可以使用长焦镜头进行拍摄，也会有不错的效果。

展会上人流较大，携带一只70-200mm焦段的镜头就足以应对一般的拍摄情况。

500 拍摄展会时的画面色彩如何控制？

拍摄展会时，因为不同类型的展会室内灯光效果也不相同，因此拍摄时要注意白平衡的设定。一般来说，展会现场中各种灯光交相辉映，如荧光灯、钨丝灯以及各种彩灯等，如果拍摄时觉得现场泛白而设定荧光灯白平衡，就会发现拍摄出的照片色调太蓝；若尝试相机中其他原有的白平衡设定，发现拍出的色调也往往不能令人满意。这种情况下，可以使用自动白平衡拍摄，会发现照片效果相对来说还好，另外，还可以进行手动白平衡设定，这样拍出来的画面色彩比较准确，但是手动白平衡需要校准，具体操作起来比较麻烦。

光圈：F4.0　快门：1/80s
焦距：23mm　感光度：400
曝光补偿：-0.3EV

如果展会现场光源情况比较复杂，为防止出现严重的偏色，可以使用自动白平衡模式拍摄。

501 拍摄会议时需要注意什么问题？

拍摄会议题材时，虽然场景比较简单，但所需拍摄的题材却非常广泛。例如，会议现场整体的概况、气氛等需要使用广角镜头拍摄，而一些与会代表或重点人物则需要使用特写画面来表现，这就需要长焦镜头。因此拍摄会议类题材，特别是一些大型会议，准备一只大变焦镜头或一长一短两只镜头才可有备无患。

另外，会议室内多为人工光源，与相机内的白平衡设置容易出现不匹配的问题，这会造成画面偏色的现象。专业的会议拍摄人员最好准备一张灰卡或白卡，随时校准白平衡设置，以免拍摄出的照片偏色。

光圈：F5.0　　快门：1/60s
焦距：80mm　 ISO 感光度：4000
曝光补偿：+1.0EV

与会代表的特写镜头。

光圈：F5.0　快门：1/60s　焦距：28mm　ISO 感光度：4000　曝光补偿：+1.0EV

会场整体概况。

15 摄影实拍知识九：
夜景摄影

502 夜景摄影时需要什么样的相机？

拍摄夜景时需要好的器材，好器材不一定是价值高的器材。当然，价格高的器材会拍得比较得心应手，如数码单反相机，而有些高端的DC也能够满足一般的夜景摄影要求。但是数码相机长时间曝光有个致使缺点，就是容易产生噪点，大多数小DC手动功能不强，有的没有长时间曝光能力，拍夜景就难以达到理想效果了。所以用来拍夜景的数码相机，手动功能是必不可少的，如果没有全手动功能，至少也得有快门优先、光圈优先的功能，慢门曝光能力至少在3秒以上。另外，夜景摄影需要使用高ISO感光度，因此相机的抑制噪点功能要强。

503 夜景摄影需要准备什么相机附件？

由于夜晚光线比较弱，拍摄时相机需要更长的曝光时间，如果相机有轻微抖动，图像就会变得模糊不清，而使用三脚架则可有效避免手持相机带来的抖动。另外，手指按下相机快门的瞬间，也会有力道涌向相机机身，造成轻微震动，因此，快门线或快门遥控器也是必不可少的。

三脚架　　　　　快门线　　　　快门遥控器

504 夜景摄影中如何进行曝光的控制？

曝光的控制在夜景拍摄中至关重要，夜晚天空一片黑暗，而灯光又会比较亮，相机与人的眼睛不同，无法识别那么多层次的光影。运用自动整体曝光系统测光的话，拍摄出来的照片容易曝光过度或不足。为了保证照片能反映出现场夜景的氛围，可在曝光时酌情减少0.3EV ~ 1.0EV的曝光补偿。

光圈：F22.0
快门：5s
焦距：24mm
ISO 感光度：100
曝光补偿：-1.0EV

夜景摄影时，为了真实还原现场的氛围，应降低一定量的曝光补偿。

505 夜景摄影时如何选择合适的白平衡使夜景色彩更加完美？

选择不同的白平衡，将直接影响到照片的色调以及所表达的意境。在拍摄夜景时，拍摄的照片往往泛着浓浓的红色，给人以色偏不正常的感觉，这是因为相机白平衡模式设定错误造成的。夜晚拍摄场景的照明情况比较复杂，有钨丝灯照明的效果、荧光灯照明的效果，还有阴影的效果，这几种效果混合后，就很难判定场景的真实色温，初学者往往设定自动白平衡或阴影白平衡等模式拍摄，这样拍摄的照片就会泛红。一般来说，夜景摄影建议选择荧光灯模式，这样相机设定色温会稍稍低于实际色温，拍摄的照片会微微地泛蓝色，看起来比较通透。如果要拍摄大量的夜景题材，还是建议摄影者进行手动白平衡设定后再拍摄，这样能够非常准确地还原场景的色彩。

光圈：F9.0　快门：13s
焦距：24mm　ISO 感光度：200
曝光补偿：−0.3EV

夜晚灯光较复杂时，建议设定手动白平衡，以准确还原现场色彩。

506 如何拍摄出星芒的效果？

夜晚，各种灯光会发出耀眼的光芒，采用一定的拍摄技巧可以拍摄出美丽的星芒效果。星芒效果属于光线绕射的特殊现象，一般起因于镜头光圈缩得太小。一般而言，就摄影的观念来看，通常会尽量避免光线绕射的情况发生。但换个角度来思考，若想不靠星光滤镜就拍出星芒效果，那么有几个必要的因素：缩小光圈；寻找场景中比较强的点光源；可以在一定程度上延长快门时间。了解和掌握这几个要点后，就可以拍出星芒的效果了。

光圈：F16.0　快门：1.3s
焦距：12mm　ISO 感光度：400

缩小光圈并寻找画面中的点光源，适当延长曝光时间，即可拍摄出美丽的星芒效果。

507 怎样拍摄出车流效果？

夜景摄影时，车流效果也是画面中表现的重点，能够点缀夜晚的风景。在拍摄夜景车流照片时，使用低ISO感光度有利于提高照片画质，建议选择小光圈，采用长时间的曝光，通常在10秒以上，这样车灯才能滑过相当长的距离，相机能够记录车灯走过的轨迹。

| 光圈：F16.0 | 快门：30s |
| 焦距：29mm | ISO 感光度：200 |

路灯散发出的星芒与车流的线条交相辉映。

508 如何利用分步曝光法拍摄高反差夜景摄影作品？

许多建筑物会被笼罩在灯光中，亮度较高，而建筑物周围却可能存在大片阴影。拍摄这种整体亮度不高，但却存在较大明暗反差的场景时，长时间曝光会造成灯光处景物曝光过度的情况，而短时间曝光又会造成阴影部位曝光不足完全黑掉的情况。拍摄这种画面时，首先需要使用三脚架辅助进行长时间曝光，另外可以准备一片黑卡，放在镜头前将灯光下的主体部位挡住，先对较暗区域曝光，一段时间后拿走黑卡，再对整体画面进行曝光，这样即可获得整体曝光较好的画面。

| 光圈：F13.0 | 快门：30s |
| 焦距：50mm | ISO 感光度：100 |

利用分时曝光法拍摄出亮度反差很大的鸟巢及周边夜景。

先用黑卡挡住高亮的建筑物部分

取走黑卡，再对全画面进行正常曝光

首先利用黑卡遮挡住画面上方较亮的建筑，对较暗的下部进行曝光，一段时间后拿走黑卡，再对整体画面进行曝光，这样暗部曝光时间较长，亮部曝光时间较短，最终获得整体曝光合理的夜景画面。